面向云计算环境的访问控制技术

王静宇　顾瑞春　著

科学出版社

北京

内 容 简 介

本书以云计算环境下的安全访问控制技术研究为主线,在梳理访问控制技术研究现状的基础上,系统阐述云计算环境下与安全访问控制技术相关的模型、算法及技术等。

全书共分 12 章,主要内容包括云计算访问控制技术研究背景及面临的问题与挑战,访问控制技术相关研究现状与进展,基于信任和隐私及属性标签的访问控制,基于信任评估的属性访问控制优化技术,云环境下一种基于资源分离的 ATN 模型,云环境下基于神经网络的用户行为信任模型,云计算环境下基于 RE-CWA 的信任评估,基于 CP-ABE 的多属性授权中心的隐私保护技术,基于多 KGC 和多权重访问树的属性访问控制方案,无可信第三方 KGC 的属性加密访问控制技术,一种基于 WFPN 的云服务选择方法,基于 PBAC 和 ABE 的云数据访问控制研究。

本书可作为高等院校的信息安全、网络空间安全、计算机科学与技术等相关专业的研究生指导用书,也可供从事与云计算安全相关的科研人员和技术人员参考。

图书在版编目 (CIP) 数据

面向云计算环境的访问控制技术/王静宇,顾瑞春著. —北京:科学出版社,2017.5
ISBN 978-7-03-052177-4

Ⅰ. ①面… Ⅱ. ①王… ② 顾… Ⅲ. ①互联网络－安全技术－研究 Ⅳ. ①TP393.408

中国版本图书馆 CIP 数据核字 (2017) 第 054675 号

责任编辑:王 哲 邢宝钦 / 责任校对:郭瑞芝
责任印制:徐晓晨 / 封面设计:迷底书装

科学出版社出版
北京东黄城根北街 16 号
邮政编码:100717
http://www.sciencep.com

北京建宏印刷有限公司 印刷
科学出版社发行 各地新华书店经销

*

2017 年 5 月第 一 版 开本:720×1 000 1/16
2018 年 1 月第二次印刷 印张:13 1/4
字数:266 000

定价:79.00 元

(如有印装质量问题,我社负责调换)

前　　言

云计算是一种新的应用模式，具有多租户、灵活快速和易扩展等特点，它能够显著降低运营成本和提高运营效率，已受到企业界和学术界的广泛关注。云计算的出现催生了很多新型的产业和服务，其在更有效地提高人类感知和认知社会能力的同时，也将对信息社会的发展和进步产生深远的影响。但随着云计算技术的不断发展，安全与隐私问题已经成为云计算应用的最大障碍。近年来，相关云计算调查也证明了安全与隐私问题是用户最关注的，因此，如果不能处理好云安全与隐私保护问题，那么云计算技术将无法真正大规模应用。

云计算环境下访问控制技术作为保护云服务及数据访问时的重要措施和手段，其作用至关重要。云计算环境构成复杂，如访问者要访问云资源或者云服务，其所处的环境、时间、访问时的动作及对资源的信任状况等因素对于现有的访问控制模型来说很难完全适用，因此需要不断探索研究新的访问控制技术来满足云计算环境的复杂访问控制要求。本书以云计算环境下的访问控制技术研究为主线，综合作者多年在云计算访问控制方面的研究成果，系统阐述了云计算环境下的访问控制技术的相关理论与方法，实现云资源访问者与云资源及云本身等多方之间的安全访问控制等。

全书共分 12 章。

第 1 章　引言部分介绍云计算研究工作的相关背景，提出云计算环境下访问控制技术存在的问题与挑战，并介绍本书的主要研究思路与工作。

第 2 章　介绍访问控制技术有关的国内外相关研究的工作现状与存在的问题，包括基本访问控制、属性访问控制模型、云计算环境下的访问控制技术以及基于属性加密的访问控制技术等。

第 3 章　在云计算环境各实体对细粒度安全访问、保护隐私等需求的基础上，设计面向信任和隐私的细粒度属性访问控制模型，内容包括模型架构、相关属性形式化定义、跨逻辑安全域及本地安全域访问、策略合成与评估、隐私与信任的引入和实验仿真与模型验证。

第 4 章　针对云计算环境中存在的各实体间信任问题，提出基于信任评估的属性访问控制优化技术。详细描述信任计算模块框架结构、工作流程以及信任相关概念定义等。将得到的实体总体信任度作为访问控制的关键属性之一进入下一步的访问控制决策，通过仿真实验验证其能提升属性访问控制的精准度和安全能力。

第 5 章　针对云计算环境下大量不符合条件的用户与资源拥有者进行自动信任协商，提出一种云环境下基于资源分离的自动信任协商模型。该模型在云环境下分离资源拥有者及其资源，使资源访问者不能直接与资源拥有者建立关系。

第 6 章　运用神经网络理论对信任进行建模，在相识社区的基础上，完成推荐信任的计算，并采用 RBF 神经网络的惩罚项理论解决恶意推荐问题。仿真实验模拟云环境下网格节点文件下载服务。为云环境下网格用户的行为信任研究提供新的思路。

第 7 章　主要针对用户行为信任的评估研究，对于云计算开放环境下的安全问题，本章有效分析用户的不可信行为和异常行为，结合主观和客观赋权法的权重信息，选用基于相对熵的组合赋权法，弱化单纯使用一种权重计算带来的不合理性，对用户的信任度做出客观评价。

第 8 章　针对云计算环境下用户隐私保护的问题，采用多个属性授权中心代替单一中央授权服务器，避免由单一中央授权服务器引起的安全性问题，并且设计一种交互式的密钥生成算法，利用承诺方案和零知识证明方法实现用户密钥获取过程中用户的属性以及全局身份标识不被泄露。

第 9 章　设计基于多密钥产生中心和多权重访问权限树的细粒度云数据访问控制方案，内容包括方案系统模型、方案具体实现过程描述、方案的安全性分析等。最后通过相关的仿真实验以验证方案的效率和性能。

第 10 章　设计一种优化的无可信第三方密钥产生中心的 CP-ABE 方案，内容包括方案的系统模型、安全多方计算技术、方案具体实现过程描述、方案的安全性分析以及相关的仿真实验以验证方案的效率和性能。

第 11 章　为了提高云计算环境下用户与云服务间交互的成功率和用户的满意度，提出一种基于加权模糊 Petri 网（weight fuzzy Petri net，WFPN）的云服务选择方法，并通过实验仿真结果证明方法的有效性和可行性。

第 12 章　针对云计算环境下云数据库中个人隐私数据的不合理的访问以及关乎个人敏感信息泄露的问题，提出一种基于 PBAC（purpose-based access control）和 ABE（attribute-based encryption）相结合的云数据访问控制模型。加入属性目的集合概念和属性加密技术，使访问控制方案的运算效率得到提高。

本书所提到的理论符合当前云环境的发展要求，总结关于用户信任评估和细粒度访问控制的技术，并提出高效、快捷、安全的访问控制方案，适应当前云计算访问安全的发展要求。在对传统访问控制技术研究和分析的基础上，将基于属性的访问控制理论与方法和属性基加密技术等拓展应用在云计算环境下，并对其中的关键技术问题展开讨论，以希望能够协助构建高效的云计算安全访问控制机制，为云计算下的安全技术研究提供新思路和理论依据，有助于推动云计算技术的应用推广。

本书主要由王静宇、顾瑞春等完成，是王静宇所属的云计算安全研究团队长期以来在云访问控制技术方面的研究成果。除了王静宇、顾瑞春署名作者以外，在编写过程中得到了谭跃生老师和工程训练中心韩艳老师的大力协助，此外，还得到了邢晨烁、魏立香、范文婕、宁宁、杨利辛、蒲晨旭、娄燕贺等硕士研究生的大力协助，他们为本书做出了巨大贡献，在此表示由衷的感谢！感谢科学出版社的大力支持，对本书出版的所有相关人员的辛勤工作表示感谢！

本书的出版得到了国家自然科学基金项目(61462069、61662056)、内蒙古自然科学基金项目(2015MS0622、2016MS0609)的支持和资助。

本书体现的是作者对于云计算环境下访问控制技术的相关研究成果，由于作者水平有限，书中难免有不妥之处，敬请各位读者批评指正。

作　者

2017 年 1 月

目　　录

第1章 绪 论

1.1 引 言

云计算是基于互联网的、新兴的网络计算模式[1-5]，通过虚拟化技术、分布式并行处理技术以及在线软件服务技术等将计算、存储、网络、平台等基础设施与信息服务抽象成可运营、可管理的超级云端资源池[6-8]，动态提供给用户，其基本技术架构如图 1.1 所示。

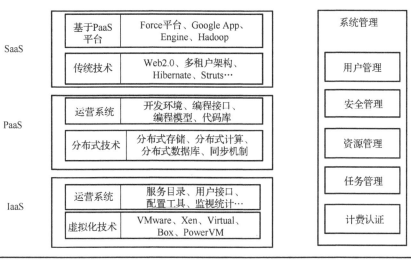

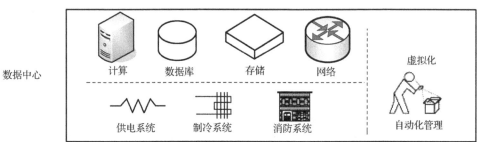

图 1.1 云计算技术基本架构

云计算通过提供超大规模的计算、存储及软件等云端资源池，为互联网用户提供"招之即来，挥之即去"的 IT 服务[9]，包括软件即服务(software as a service，SaaS)、平台即服务(platform as a service，PaaS)、基础设施即服务 (infrastructure as a service，IaaS)等。SaaS 是面向最终用户提供在线软件服务，使用者可通过浏览器直接使用软件，无须执行安装、升级等维护工作；PaaS 是面向开发者提供开发环境、部署环境等平台级服务，开发者可基于 PaaS 平台快速开发并部署各种应用；IaaS 是将基础计算能力包括处理器、储存以及其他资源等作为一种资源向客户提供的服务。

云计算技术符合世界各国政府大力倡导和推动的低碳经济和绿色计算[10]的发展理念，已经成为互联网领域新的经济增长点，包括 Google、微软及亚马逊在内的大公司都开始研发自己的云计算基础架构及系统[11-15]。但是云计算本身在发展普及过程中也面临许多关键性问题，而首先是安全问题，并且呈现逐步上升趋势，已成为制约其发展的重要因素，2009 年 Gartner 针对云计算应用的调查结果如图 1.2 所示，这个结果表明有 70%以上受访企业在实际部署云计算时遭遇的最大挑战就是安全与隐私问题[16-18]。

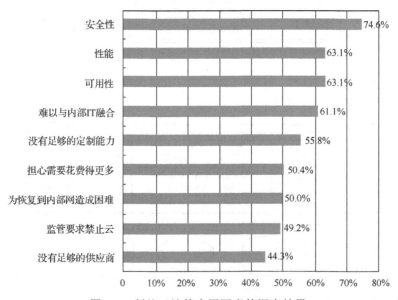

图 1.2　制约云计算应用因素的调查结果

如果应用云计算，则必然要将包含大量个人或企业的敏感信息转移到云中，即用户一旦将敏感信息存储在云端服务器中，这些数据和隐私等敏感信息便不在自己的掌控范围，数据安全问题必将引起用户的极大关注。云端服务器通常由商业云服务提供商运行操作维护，而这些云服务提供商通常属于用户外部的信任域，因此一旦敏感数据泄露，就可能造成重大经济损失或者灾难性后果等。例如，2009 年

Google 公司发生大批用户文件外泄事件和亚马逊公司所提供的云存储服务因安全问题一度被迫瘫痪等。另外，在一些实际应用系统中，数据保密性不仅只有安全及隐私问题，还可能涉及法律问题，这方面的典型是在医疗领域应用场景中，医院可能是云用户的同时自身还是内容提供商，在云服务器上发布数据，这些数据需要共享并且需要细粒度的访问控制，各用户根据自身对数据访问权限访问这些数据。例如，在医疗病例档案管理系统中，医院本身是数据拥有者，将成千上万份的各类患者医疗病历记录等存储到云服务器，这些数据需要允许数据消费者如医生、患者、研究人员等来访问各种类型的医疗记录，需要制定严格的、细粒度的访问控制策略。数据所有者一方面希望利用云计算环境所提供的丰富资源来提高效率和节省开销；另一方面也希望在云服务器上数据内容对云服务提供商来说是保密的，因此确保医疗数据机密性对云服务提供商来说是必须满足的基本要求。除了云用户自身对数据安全、访问安全的关注以外，一些有关安全事件的发生更加剧了人们对使用云计算服务的担忧。

由于云计算代表未来信息技术领域的核心竞争力，世界各国政府都大力推动本国云计算基础设施建设并开展学术研究，争取占据未来信息技术的制高点，随着各国云计算服务的大规模应用，要让个人、企业和组织等用户放心地将自己的数据交付于云服务提供商管理，就必须全面地分析并着手处理云计算所面临的各种安全问题，保护各类用户的数据安全和隐私信息。

虽然云计算作为一种信息服务模式，其安全与传统 IT 服务并无本质上的区别，但是云计算的应用模式和基础架构与传统 IT 有着很大的区别，使得云计算在安全技术应用上存在很大不同，例如，由于云计算模式下，信息应用系统高度集中、数据无边界、流动性等特点使得安全边界比较模糊，传统的安全域划分等安全机制难以保障云计算应用安全。云计算环境下的安全问题在很大程度上是由云计算本身的 5 个特征引起的[19]。

1) 服务外包和基础设施公有化

在云计算环境下的应用模式采用的是服务外包模式，即数据拥有者把数据交由云端管理，这种公有化基础设施的特点使得云中的各租户无法直接控制和管理云端资源。

2) 超大规模、多租户资源共享

云计算环境下，各类实体数量庞大繁杂且实体间关系非常复杂，甚至存在恶意或虚假的实体，不同用户的数据可能存放在同一云存储设备的同一物理磁盘上，云平台的这种多租户资源共享特征增加了安全访问控制的难度。

3) 云计算环境的动态复杂性、多层次服务模式

对于基础设施即服务、平台即服务和软件即服务，云用户所需的具体执行环

境繁杂多样，需要动态定制和不断更新变化，导致云计算环境中各类云服务呈现多样性和动态性，难以评估其可信程度，进而使得云计算系统的安全难以保证。

4) 云平台资源的高度集中性

云计算的应用模式决定了绝大多数资源都集中在几个云服务提供商平台中，也就是说，在这些云服务提供商的平台中含有海量云用户的隐私敏感信息，使得云平台变成攻击入侵或渗透的对象，安全风险不断加大。

5) 云平台的开放性

云平台基本上都利用 VMware、Xen、KVM 等虚拟化管理软件构建而成，相关软件的安全漏洞频发导致系统平台安全隐患增大，另外，平台的开放性使一些存在安全漏洞的软件或恶意软件加入进来，进一步增加安全风险。

当然云计算环境的安全问题非常庞大复杂，任何单方面、单一技术手段无法真正解决云计算环境的安全问题，但从云计算大规模应用的数据拥有者角度来说，云计算的安全问题更多的是数据安全访问控制问题，现阶段有关增强云计算环境下数据安全访问控制的技术有以下几种。

(1) 数据加密技术，对所有存储在云端服务器上数据进行加密存放，并保证数据的机密性、完整性和隐私，保证用户可验证和所有程序与应用系统的完整性。

(2) 身份认证技术，通过提供强身份鉴别、授权和审计等来保证数据安全访问控制。

(3) 可信云计算技术，基于云计算环境的复杂性，单纯使用软件很难解决所有的问题，因此可以利用硬件芯片和可信计算，在云计算环境中建立可信计算基 (trusted computing base，TCB) 来保护用户和云服务提供商的秘密信息，通过完整性度量、建立参与各方的身份证明和软件可信性证明来保证安全。

(4) 安全增强加固技术，采用诸如改进虚拟机监控器 (virtual machine monitor，VMM) 代码，实现对虚拟化操作系统内核进行安全加固来保护计算或存储节点，实现对虚拟主机的保护和各虚拟主机之间的系统及数据隔离。文献[20]在虚拟机管理平台 Xen 中采用安全增强 TCB，并将这种方法用于实现可信虚拟化及提高虚拟 TPM 的安全性。

上述这些技术的应用对保证云计算环境中服务和数据的安全，推动云计算应用推广发挥了重要作用，但是在云用户通过云计算平台认证后的具体访问权限方面，还缺乏一些有效的理论模型。

在云计算环境中，云用户在访问云服务提供商的资源前，通常需要经过身份认证确认是合法用户后，才由云服务提供商进行授权，云用户对哪些资源和服务具有什么样的访问控制权限做出决定，但在实际的访问控制授权过程中，云服务提供方对某个云用户做出访问授权决定时，对这个云用户本身的具体情况并不了解，如该云用户以前信用情况、历史访问记录、有没有过恶意攻击或其他不规范及不合理的行为等，通常都是在缺乏云用户的全部行为信息的情况下，仅根据云用户账号密码自主地做出相关访问控制授权决定的，而这将导致整个系统产生不确定性风险问题，进而可能对整个系统的安全稳定及可用性等产生很大的负面影响。

在云计算环境中，还缺乏一个权威管理中心，这个管理中心能够获得云用户、云资源等各类云主体的全部信息，使得在进行授权访问控制时，能够充分认识各类云主体，这样才能避免云服务或云资源请求者对授权者做出可能的攻击或者恶意破坏等行为。在现阶段，各类云计算环境中的资源及服务所有者都会有自己的安全规则和授权方式，并在其自身相对独立的环境中实现授权和访问。事实上，传统的访问控制机制[21]包括自主访问控制、强制访问控制和基于角色的访问控制模型等都是基于固定标识或身份的，传统访问控制模型中用户的权限多数情况下是静态不变的，适用于集中封闭式网络环境，不适用于具有开放性、共享性的云计算环境，也很难适应云计算环境中授权变化频繁的场景。开放共享的云计算环境在数据安全访问、精细访问控制和隐私保护等方面存在不足，原因如下：首先是云计算模式中传统架构的物理安全边界消失，而是以逻辑安全域的形式存在，云资源失去了物理边界处的安全防护控制，不同的服务提供者一般属于不同的安全域，交互的双方有时也经常处于不同的安全域，相互只知道对方的部分信息；其次在云计算环境中尤其是公有云环境，云用户的数量巨大，对云资源及服务的需求具有不确定性，云用户权限的授予和取消也是动态变化的，是粗粒度的管理，不能实现面向用户的精细访问控制；最后云计算属于多租户平台环境，需要对用户访问进行精确区分，以便更好地满足用户的服务需求，若要用类似基于角色的方法进行细粒度的访问控制，则需要定义大量的角色，这会给角色的分配和管理带来困难，另外，在基于角色的访问控制模型中，域间的互操作通常是利用角色映射完成的，但是在云计算环境下，不同的云服务提供者处于不同的逻辑安全域，很难建立这种角色映射关系[22]。

总的来说，最近几年云计算技术发展较快，在云计算安全研究方面也取得很多新的研究成果，如基于全同态加密技术的密文计算与检索技术、基于属性加密的访问控制技术以及可信计算技术等，但在安全云数据访问控制方面还存在很多尚未解决的问题，已有的一些安全技术在实践应用中的效果和性能还不能完全让人满意，阻碍了云计算技术的大规模应用和发展。

保护云数据安全的方法很多，本书主要侧重于通过安全访问控制技术，保护云服务不被非法访问和用户数据安全共享。研究云计算环境下安全访问控制技术，保护云实体的安全，避免由于云服务应用模式、虚拟化动态管理方式及跨安全域访问等带来的安全与隐私保护问题，对推动云计算服务的规模化应用具有重要的现实意义，所提出的数据安全访问控制模型与算法，为云计算软件与服务的设计开发提供新思路和理论依据。

1.2　云计算环境中访问控制存在的问题与挑战

在云计算环境中，安全有效的访问控制是保障云安全的重要技术措施，访问控制实际上是通过制定访问控制规则或策略来允许或限制云用户对云资源或服务的访问，由于云计算环境中的资源和服务的分布性、动态性、匿名性以及异构性等，要实现细粒度的访问控制[23-26]变得更复杂，虽然传统 IT 运行环境下有很多模型和方法来实现细粒度访问控制，但这些模型和方法都要求拥有数据的所有者和存储服务提供者属于同一信任域中，这一条件在云环境下不再成立，云数据拥有者和云服务提供商多数不属于同一信任安全域，云服务提供商不能完全了解数据拥有者的全部信息，特别是在跨安全域访问的情况下，更对访问数据的用户知之甚少，所以跨域访问中很难给云数据访问者一个安全有效的数据访问授权。因此，传统的访问控制技术并不适用于云计算环境，在云计算环境中实施安全有效的访问控制将会面临一系列的挑战。

1) 用户与环境动态复杂性

云计算是通过互联网和在线软件技术为广大云用户提供云服务。云用户、云资源和互联网环境都是动态的，是不断变化的，如用户的身份及行为等都具有很大的不确定性风险，数据拥有者针对数据访问的授权也是不断变化的，因此传统的基于身份的访问控制技术主要针对传统 IT 环境，无法满足云计算的动态性需求和安全性需求。

2) 多安全域环境

云计算具有多安全域特征，各个不同的云应用可能属于不同的安全管理域，并且数据拥有者和云存储服务提供商很可能位于不同的安全管理域，这样带来两个问题：一是云存储服务提供商无权访问外包数据内容保密的数据；二是从物理上数据资源不是完全由数据所有者控制的，二者彼此都有不同的安全诉求，而且不同的安全域都管理着相应的本信任域内的资源和用户，当用户跨安全管理域访问资源时，需要能够跨越不同安全域的复杂的授权认证系统，因此如何应对云计算环境中的跨安全域访问控制问题非常重要，不同的安全管理域要想实现资源共享，不仅需要制定域内访问授权策略，还需要处理跨安全域的访问控制授权策略问题，以实现云计算中全方位的多安全域访问控制问题。

3) 多租户环境

在云计算环境下，所有的业务应用和数据都部署在云服务提供商端，形成一个超大规模的多租户环境。不同租户之间共享存储、计算、元数据、服务和应用等以降低成本、提高运行效率。各租户之间彼此隔离，但是对于云计算底层基础设施，所有租户都共享数据存储空间，租户之间并没有区别，也无法意识到租户的存在。多租户环境大大增加了云计算的安全管理难度，如在访问控制授权、数据加密以及租户间的信任管理等。此外，每个租户的安全需求存在很大差别，但在多租户共享云基础设施资源的情况下，不同租户的虚拟资源很可能处于相同的云存储空间上，那么不同租户的数据就可能在恶意或攻击情况下被其他租户非法访问。同时，不同租户对云服务提供商来说信任程度不同，对租户的鉴别就变得非常重要，以识别哪些是正常租户，哪些是恶意租户，因此需要通过租户的行为或历史交互记录等处理租户的信任问题。

4) 细粒度授权认证

现有的解决细粒度访问控制[27-30]问题的方法是为每一文件引入文件访问控制列表 (access control list，ACL) 用于细粒度访问控制，或将文件分成一些文件组来提高效率。然而随着系统用户规模的不断扩大，基于文件访问控制列表方法的复杂度也随之增大。另外，基于文件组的方法只能够提供粗粒度的数据访问控制。在云计算环境下，现在最常采用基于角色的访问控制及其扩展模型技术来实现细粒度访问控制，但这种技术应用起来也会遭遇瓶颈，一方面是云环境中需要定义大量的角色，这会给角色的分配和管理带来困难；另一方面是不同的云服务提供者处于不同逻辑安全域，很难建立这种角色映射关系。因此，目前的研究多集中在使用证书或基于属性的访问控制技术来满足云数据的细粒度访问控制需求[31]，然而这方面的研究大多都还处于起步阶段，尚未有成熟稳定的技术方案。因此，对云终端用户进行细粒度的授权和控制是当前云计算应用研究中的挑战之一。

5) 信任与隐私保护

云计算环境下，信任关系呈现复杂多样性这一重要特征，包括租户对云的信任、云对租户的信任、租户之间的信任关系以及云内各实体间的信任等。在这种复杂的信任关系的前提下，云中存在大量的数据需要共享，而如何在数据分享过程中让数据拥有者不信任的对象无法获得数据就成为一个新的研究问题和挑战，也对传统的信任模型和访问控制模型提出了新的要求。

在数据安全共享方面，基于属性的加密是一种尚处于起步阶段的有效方法。由于这种方法不再采用与用户唯一绑定的加密密钥对数据进行加密，而是采用依赖用户属性或数据自身属性的公钥对数据进行加密，所以能够在保证安全的前提下，实现具有相同属性用户间的数据共享；在隐私保护方面，将两方安全计算用于实现安全的匿名授权，可以使合法用户匿名获得解密授权，这种技术是目前云安全领域的一个研究热点和非常有效的方法之一。在密文检索方面，包括基于对称加密和非对称加密的密文检索方法，很多效率较低，都需要在保证安全性的前提下提高检索效率。除此以外，隐私问题当然还在很大程度上与不同国家、地域、民族宗教信仰等有关，当数据在不同国家或地域存储时，遵从当地的隐私法规也面临着挑战。

1.3　本书涉及的主要内容

研究云计算环境下的各类云实体间的安全访问控制，包括云用户的安全访问控制策略、云用户和云服务的隐私保护以及在云数据共享时的安全与隐私保护等问题，都是本书要研究的科学理论问题和关键技术问题。本书的总体研究框架如图 1.3 所示。

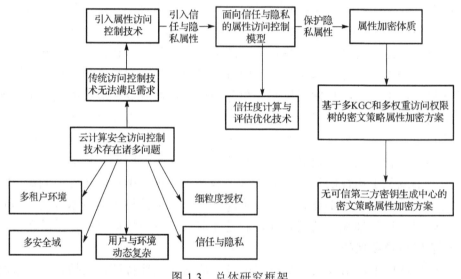

图 1.3　总体研究框架

本书在对云资源、云服务及云用户等各方需求深入分析的基础上，主要涉及的研究内容如下。

1）提出一种云计算环境下面向信任和隐私的细粒度属性访问控制模型

云计算环境主要有三类实体：云用户、云服务提供商和数据拥有者。云用户向云服务提商中的云资源发起访问请求，而服务提供商所提供的资源可能属于不同的数据拥有者，也可能属于不同的逻辑安全域。同时无论云服务还是云资源都还需要公开一些相关访问控制请求或响应信息，而这些信息可能包含隐私或者敏感信息，一旦泄露会有很大损失。另外，不同的安全域中的云用户或云资源不能保证都是正常的，可能中间存在很多恶意用户或者恶意云服务实体，面对这种特殊的云计算环境构成,现有的访问控制模型很难完全适用。因此将基于属性的访问控制技术应用在云计算环境下,并扩展属性访问控制模型中的主体、客体、资源及环境属性,加入信任和隐私属性,提出一种面向信任和隐私的细粒度属性访问控制模型。

2) 提出一种基于信任评估的属性访问控制优化技术

在云计算环境下,不同的安全域中的云用户或云资源之间都存在是否完全信任的问题,因为安全域中间可能存在很多恶意、半恶意云用户或云服务实体等,这就需要在访问控制决策前,先对这些实体之间的信任度进行评估,逐渐识别哪些是恶意服务实体,哪些是正常服务实体,只有实体之间的信任度达到一定阈值才允许进一步根据属性访问控制的其他属性进行访问控制决策,这样对于保护云用户和云服务实体双方都是非常有利的,本书在云计算环境的各实体间的信任评估上,引入评价相似度、实体熟悉度、评价可信度等多个指标,采用直接信任计算、间接信任计算和推荐信任计算等多种方法计算实体的综合聚合信任度值。将最终信任度计算结果作为属性访问控制的判定依据之一,提出一种基于信任评估的属性访问控制优化技术。

3) 提出一种云环境下基于资源分离的模型

针对云计算环境下大量不符合条件的用户与资源拥有者进行自动信任协商,从而产生大量非必要的计算开销,以及协商成功率低、敏感信息泄露等问题,利用云环境分离资源拥有者及其资源,保护资源拥有者的隐私。

4) 提出一种云计算环境下基于神经网络的用户行为信任模型

在云计算环境中网格用户之间的信任是网格安全的重要基础,运用神经网络理论对信任进行了建模,利用分割的相识社区降低了推荐信任的计算规模。此信任模型可以作为一种智能、有效的分析工具,用于网格行为信任的计算中,并对其他开放网络环境的相关信任研究提供了借鉴。

5) 提出一种云计算环境下基于 RE-CWA 的信任评估模型

针对云计算开放环境下的安全问题,构建用户行为信任模型,计算行为权重,同时,综合主客观赋权法的权重信息提出了基于相对熵的组合赋权法,通过最优化数学模型求出加权系数,避免了主观性,模糊综合评价对用户行为信任做出了客观评价。

6) 提出一种基于密文策略属性基加密机制的多属性授权中心的隐私保护技术

针对云计算环境下用户隐私保护的问题,采用多个属性授权中心代替单一中央授权服务器,并设计了一种交互式的密钥生成算法。利用承诺方案和零知识证明等技术,实现了在多个属性授权中心模型下对用户的属性和全局用户的保护,在合理的计算量范围内提高了系统的安全性,适用于对安全性要求。

7) 提出一种基于多密钥产生中心和多权重访问权限树的云数据访问控制方案

云计算是多租户共享环境，租户和云用户之间、云用户和云用户之间以及租户与租户之间都可能要共享数据，如何通过访问控制技术来保护云实体访问共享数据时的安全与隐私是云计算的关键技术之一。尽管可以使用基于加密技术的访问控制机制来实现自主可控的数据安全防护，但是这种访问控制是粗粒度的，密钥管理也不安全，同时也会对用户产生很大的额外计算负担，不利于用户使用体验。属性基加密访问控制为解决上述问题提供了一种方法，但是传统基于属性加密的访问控制方案仍然存在很多问题，包括安全问题、粗控制粒度、访问策略表达性不足等。因此，如何保证密钥安全产生与分发、实现细粒度控制、降低计算存储开销等都是云数据访问控制中要处理的关键问题，基于这些问题，本书将密文策略属性加密机制引入云计算环境的访问控制中，提出了一种基于多密钥产生中心和多权重访问权限树的细粒度云数据访问控制方案，该方案引入双密钥产生中心和云服务提供商一起负责保证属性密钥的安全产生与分发，并通过扩展单一访问结构树为多棵带权重的访问权限树的方式，提升细粒度访问控制能力等。

8) 提出一种无可信第三方密钥产生中心的 CP-ABE 方案

现有云计算环境下，大多数密文策略属性加密方案都依赖于可信的密钥生成机构，而一旦密钥生成机构出现问题，将导致大量用户属性私钥泄露，带来严重的安全隐患。另外，如何减轻用户端负担，如何保证安全的前提下提高密钥分发效率，降低密钥管理、属性撤销及更新时的计算开销等都是云数据访问控制的关键技术问题。因此，本书在研究密文策略属性加密方案的基础上，引入安全多方计算技术，取消第三方的密钥产生中心，直接由云服务提供商和属性管理机构共同完成密钥的产生与分发，提出一种无可信第三方密钥产生中心的密文策略属性加密方案，保证密钥产生与分发的安全，降低用户端的计算开销，提高计算效率。

9) 提出一种基于模糊推理的云服务选择方法

为了提高云计算环境下用户与云服务间交互的成功率和用户的满意度，通过层次分析法获得用户对云服务的属性偏好，采用模糊推理方法对云服务进行评估，并将过程迭代并行运行，细粒度评估一个云服务的信任等级，选择信任度得分最高的服务。通过仿真实验证明该方法的有效性和可行性。

10) 提出一种结合访问目的和身份的云数据访问控制机制

针对云计算环境下云数据库中个人隐私数据的不合理的访问以及关乎个人敏感信息泄露的问题，本书结合访问目的和身份的云数据访问控制模型，解决了目的详细划分问题。设计并加入目的树构建算法实现了目的树全覆盖，通过访问实验分析证实了此方案在加解密运算上效率较高。

参 考 文 献

[1]　维基百科. Cloud computing. http://en. wikipedia.org/wiki/cloud computing.

[2]　李德毅, 张海粟. 超出图灵机的互联网计算. 中国计算机学会通讯, 2009, 5(12): 8-16.

[3]　Qi Z, Lu C, Boutaba R. Cloud computing:state-of-the-art and research challenges. Journal of Internet Services and Applications, 2010, 1(1): 7-18.

[4]　Qian L, Luo Z G, Du Y J. Cloud computing: an overview//Proceedings of the International Conference on Cloud Computing, Beijing, 2009: 626-631.

[5]　朱近之. 智慧的云计算: 物联网发展的基石. 北京: 电子工业出版社, 2010.

[6]　Armbrust M, Fox A, Griffith R, et al. A view of cloud computing. Communications of the ACM, 2010, 53(4): 50-58.

[7]　刘鹏. 云计算. 北京: 电子工业出版社, 2010: 42-70.

[8]　李德毅, 陈桂生. 云计算热点问题分析. 中兴通讯技术, 2010, 16(4): 1-4.

[9]　冯登国, 张敏, 张妍, 等. 云计算安全研究. 软件学报, 2011, 22(1): 71-83.

[10]　Ali M. Green cloud on the horizon//Proceedings of the International Conference on Cloud Computing, Beijing, 2009: 451-459.

[11]　Amazon elastic compute cloud. http://aws.amazon.com/ec2/.

[12]　Chappell D. Introducing windows azure. http://www.microsoft.com/windowsazure/ .

[13]　Dean J, Ghemawat S. MapReduce: simplified data processing on large clusters. Communications of the ACM, 2008, 51(1): 107-113.

[14]　Ghemawzt S, Leung S T.The Google file system//Proceedings of the 19th ACM Symposium on Operating Systems Principles, 2003: 29-43.

[15]　Chang F, Dean J, Ghemawat S, et al. Bigtable: a distributed storage system for structured data//Proceedings of the 7th USENIX Symposium on Operating Systems Design and Implementation, Seatle, 2006: 205-218.

[16]　Xia T, Li Z, Yu N. Research on cloud computing based on deep analysis to typical platforms//Proceedings of the International Conference on Cloud Computing, 2009: 601-608.

[17]　Cachin C, Keidar I, Shraer A. Trusting the cloud. ACM Sigact News, 2009, 40(2): 81-86.

[18]　Buyya R, Yeo C S, Venugopal S, et al. Cloud computing and emerging IT platforms: vision, hype, and reality for delivering computing as the 5th utility. Future Generation Computer Systems, 2009, 25(6): 599-616.

[19]　邹德清, 金海. 云计算的安全挑战与实践. http://wenku.baidu.com/.

[20]　Murray D G, Milos G, Hand S. Improving Xen security through disaggregation//Proceedings

of the International Conference on Virtual Execution Environments, 2008:151-160.

[21] 夏鲁宁, 荆继武. 一种基于层次命名空间的 RBAC 管理模型. 计算机研究与发展, 2007, 44(12): 2020-2027.

[22] 廖俊国, 洪帆, 朱更明, 等. 基于信任度的授权委托模型. 计算机学报, 2006, 29(8): 1265-1270.

[23] Takabi H, Joshi J B D, Ahn G J. Security and privacy challenges in cloud computing environments. Security & Privacy, 2010, 8(6):24-31.

[24] Li J, Li N, Winsborough W H. Automated trust negotiation using cryptographic credentials//Proceedings of the 12th ACM Conference on Computer and Communications Security, 2005: 29-38.

[25] Yu T, Winslett M. A unified scheme for resource protection in automated trust negotiation//Proceedings of the IEEE Symposium on Security & Privacy, 2003: 110-122.

[26] Patrick M. Methods and limitations of security policy reconciliation: security and privacy. Security & Privacy, 2002, 5(6): 20-32.

[27] Kallahalla M, Riedel E, Swaminathan R, et al. Plutus: scalable secure file sharing on untrusted storage//Proceedings of the Usenix Conference on File and Storage Technologies, 2003: 29-42.

[28] Goh E J, Shacham H, Modadugu N, et al. SiRiUS: securing remote untrusted storage//Proceedings of the Network & Distributed Systems Security Symposium, 2003: 131-145.

[29] Ateniese G, Fu K, Green M, et al. Improved proxy re-encryption schemes with applications to secure distributed storage//Proceeding of NDSS, 2003: 4-7.

[30] Vimercati S D C D, Foresti S, Jajodia S, et al. Over-encryption: management of access control evolution on outsourced data//Proceeding of VLDB, 2007: 123-135.

[31] Shucheng Y, Cong W, Kui R, et al. Achieving secure, scalable, and fine-grained data access control in cloud computing//Proceedings of the International Conference on Computer Communications, 2010, 29: 1-9.

第 2 章　访问控制技术相关研究工作

访问控制是授权者通过限制请求者的行为和操作，进而允许或限制请求者访问能力或范围的方法[1]，访问控制的核心在于如何根据授权策略对用户进行授权，得到授权的用户就是合法用户，否则就是非法用户。授权策略是访问主体能否对客体拥有访问能力的规则，通过合理的访问控制以保证资源能够受控制、合法的使用。访问控制模型定义了主体、客体、访问等是如何表示和操作的，访问控制模型的好坏决定了授权策略的表示能力和灵活性。根据访问控制策略的不同分为传统访问控制模型、基于角色的访问控制(role-based access control，RBAC)模型及其扩展等。访问控制工作机制如图 2.1 所示。

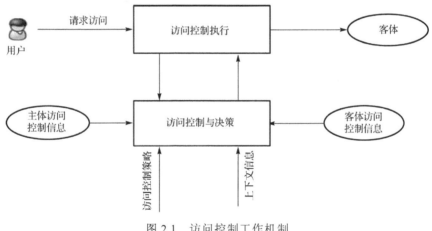

图 2.1　访问控制工作机制

访问控制一般包括以下四实体[2]。

(1)主体(subject)：是指发出访问资源请求的实体方。主体通常包括用户、进程和终端等。

(2)客体(object)：被访问资源的实体，可以是被调用的程序、进程、要存取的数据、信息、要访问的文件、系统设备、网络设备等资源。

(3)访问操作(access permission)：是指主体对客体可进行的具体访问操作，如读、写、执行、创建、搜索、修改、添加、删除等。

(4)访问控制策略(access control policy)：由一套严密的规则集合组成，是实施访问的依据，是限制主体对客体操作行为的约束条件集合。

使用三元组 (S,O,P) 来表示访问控制系统内的三元素，其中，S 表示主体；O 表示客体；P 表示访问操作。三元素之间的关系如图 2.2 所示。

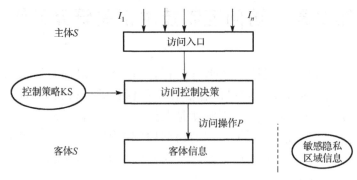

图 2.2　访问控制三要素关系图

2.1　传统访问控制模型

传统的访问控制一般分为两类：一类是自主访问控制(discretionary access control，DAC)[3]，另一类是强制访问控制(mandatory access control，MAC)[4]。DAC 是这样的一种控制方式，由客体的属主对自己的客体进行管理，由属主自己决定是否将自己的客体访问权或部分访问权授予其他主体，这种控制方式是自主的。也就是说，在自主访问控制下，用户可以按自己的意愿，有选择地与其他用户共享文件。在基于 DAC 的系统中，主体的拥有者负责设置访问权限，但缺点是主体的权限太大，可能造成安全隐患。访问控制列表(ACL)和访问控制矩阵是 DAC 中常用的安全机制，通过维护 ACL 或访问控制矩阵来控制用户访问有关数据，分别如图 2.3 和表 2.1 所示。

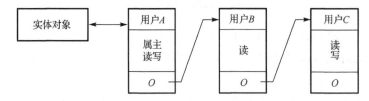

图 2.3　ACL 访问控制示意图

表 2.1　访问控制矩阵

	客体 1	客体 2	客体 3	客体 4
主体 1	*R*	*W*	*R*、*W*	*W*
主体 2	*R*、*W*	*R*、*W*、*X*	*W*	*X*
主体 3	*W*	*X*	*R*	*R*、*X*

　　自主访问控制的优点在于其简单易行、授权灵活、管理、查询及检索等比较方便，但当用户数量及管理资源非常庞大时，特别是对于大型分布式系统，访问控制变得非常复杂，效率下降，难以管理，另外，授权过程存在链式结构，不能控制主体间接获得对客体的访问控制权限，也不利于统一的全局访问控制。

　　强制访问控制（MAC）是一种不允许主体干涉的访问控制类型，它是基于安全标识和信息分级等信息敏感性的访问控制，如图 2.4 所示。

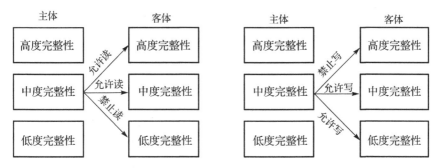

图 2.4　强制访问控制示意图

　　MAC 由一个授权机构为主体和客体分别定义固定的访问属性，且这些访问权限不能通过用户来修改。例如，将数据分成绝密、机密、秘密和一般等几类。用户的访问权限也类似定义，即拥有相应权限的用户可以访问对应安全级别的数据，从而避免了自主访问控制方法中出现的访问传递问题。这种方法具有层次性的特点，高级别的权限可访问低级别的数据。MAC 的主要缺点表现在权限管理实现难度较大，管理不便，灵活性差，而且可能因为强调保密安全性，系统连续工作能力和授权的可管理性方面考虑不足。

　　RBAC 模型[5]将权限与角色相关联，通过角色建立用户和访问权限之间的多对多关系，用户根据对其授予的角色来获得相应的权限。2001 年，标准的 RBAC参考模型 NIST RBAC 被提出，如图 2.5 所示。

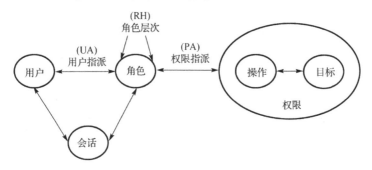

图 2.5　NIST RBAC 模型

RBAC 模型定义了角色的五项基本元素：用户、角色、会话集、客体、操作，以及角色权限分配(privilege role assign，PRA)和用户角色分配(user role assign，URA)。

在 RBAC 模型中，许可被授权给角色，角色被授权给用户，用户不直接与许可关联。RBAC 对访问权限的授权由管理员统一管理，RBAC 根据用户在组织内所处的角色做出访问授权与控制，授权规定是强加给用户的，用户不能自主地将访问权限传给他人。

在 RBAC 模型提出的角色等基本概念定义后，Sandhu 等于 1997 年提出了基于角色的角色管理模型 ARBAC97[6]，其主要思想是通过设置管理角色来实现对角色层次关系、会话约束等的管理，内容主要包括角色-角色指派、许可权-角色指派以及用户-角色指派的管理。Crampton 等[7]和 Koch 等[8]在角色访问控制模型的基础上引入了角色层次管理模型并制定角色层次管理规则。

TRBAC(temporal role-based access control)模型[9]扩展了 RBAC 模型，增加了角色时间依赖关系，该模型通过设置角色触发器(role trigger)，可定时激活[10]或解除角色以及角色之间的从属关系，并定义了角色事件以及角色状态等。

Joshi 等提出的 GTRBAC(generalized temporal role-based access control)模型[11]扩展了 TRBAC 模型[12]，其解决了 RBAC 模型中用户有时只能在特定时间段内指派角色和某角色有时只能依赖另一个角色等问题[13, 14]。

在基于工作流的角色访问控制模型上，Wainer 等提出了 W-RBAC 模型，基于工作流理论对 RBAC 模型进行了扩展[15]。该模型通过丰富的逻辑语言及语义约束，根据不同的优先级完成不同的工作流。

此外，还有在位置和时间[16]、规则状态[17, 18]、时间逻辑[19]、角色层次[20]、职责分离[21, 22]和约束[23]等方面扩展 RBAC 模型。

Park 等提出了一种新的访问控制模型，称为使用控制(usage control，UCON)模型[24]，也称 ABC 模型。UCON 模型包含三个基本元素：主体、客体、权限和另外三个与授权有关的元素：授权规则(authorization rule)、条件(condition)、义务(obligation)，如图 2.6 所示。

UCON 模型将义务、条件和授权作为使用决策进程的一部分，提供了一种更好的决策能力。授权是基于主体、客体的属性以及所请求的权利进行的，每一个访问都有有限的期限，在访问之前往往需要授权，而且在访问的过程中也可能需要授权。可变属性(mutable attribute)的引入是 UCON 模型与其他访问控制模型的最大差别，可变属性会随着访问对象的结果而改变，而不可变属性仅能通过管理行为改变。

总的来说，传统访问控制不能适应云计算等大型复杂分布式计算环境，必须进行大幅改进或者用新的模型来代替。

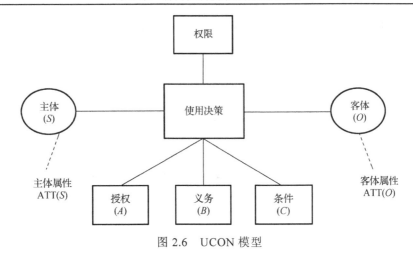

图 2.6　UCON 模型

2.2　基于属性的访问控制模型

基本访问控制模型多数都是静态的、粗粒度的，无法为访问控制策略提供丰富的语义支持，也很难适应云计算等分布式计算环境的大规模、复杂性、动态性及多安全域等。以 RBAC 及其扩展模型[25-32]来说，该模型只注重用户的角色信息，未考虑用户与安全相关的特性和资源、操作、执行访问请求时运行上下文等相关属性信息，一旦规模变大，业务逻辑复杂且经常变化时，需要大量角色设定，维护大量的用户-角色关系和角色-权限关系，RBAC 模型管理复杂的缺点就体现明显。

基于属性的访问控制(attribute-based access control，ABAC)思想源于信任管理及其扩展[33-39]，文献[40]和[41]分别提出基于主客体属性的访问控制矩阵模型 ABAM 和用有限集合论描述主、客体属性的访问控制逻辑框架 LABAC，二者对属性描述均为粗粒度，也没有给出访问控制的具体实现方法。ABAC 模型考虑用户、资源、操作、执行动态请求时的运行上下文与授权相关的各种属性，细化了访问控制的粒度，ABAC 模型及其扩展模型[42-47]能够根据用户、资源、动作和运行上下文的属性动态进行授权，具有更好的灵活性和扩展性。

2.2.1　ABAC 模型

任何事物都可以用对象进行表示，而对象本身都具代表其特性的属性，在基于属性的访问控制领域，用户、资源、动作和运行上下文就是 ABAC 中的四种对象，分别用来表示访问控制系统中的主体、客体、访问类型和资源请求上下文环境，则将四类对象自身的特性定义为属性，为访问控制提供细粒度的控制信息。属性集合与四类实体的属性之间的关系如图 2.7 所示。

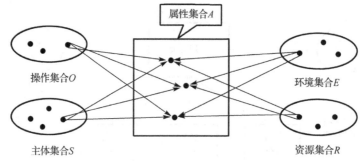

图 2.7　四类实体与属性集合之间的访问控制关系模型

ABAC 进行授权访问控制的基础元素是相关实体属性，包括主体、客体、动作、环境等，因此各个实体属性可分为主体属性、客体属性、动作属性和环境属性。ABAC 中的主体是实施对客体访问行为的实体，其属性定义包括主体的身份、角色、职位、能力、位置、部门以及 CA 证书等，主体可以是用户、服务、终端设备、进程等；客体是被主体访问的实体如文件、数据、服务、设备等，客体属性与主体属性类似，客体属性包括客体的身份、位置、角色、部门、类型、数据结构、所需费用等；环境属性是与业务运行处理相关的属性，它通常与主客体的身份没有关系，主要用在授权决策，是当前动作参与各方的一些动态属性，环境属性包括时间、日期、系统状态、安全级别、用户 IP 地址、服务器当前访问量、CPU 利用率等；动作属性主要用来描述主体对客体的访问类型，如新建、修改、下载、删除、上传等。

ABAC 中的主体属性、资源属性、环境属性和动作属性都由一组对应的属性名和属性值构成。所有的访问请求和策略都是由上述实体属性构成的，主体对资源的访问请求由 ABAC 中的策略决策模块根据由这些属性构成的访问控制策略决定能否访问。

2.2.2　ABAC 相关形式化定义

ABAC 相关元素的形式化定义如下[48-51]。

定义 2.1（基本元素）　ABAC 由四元组 (S, O, E, AC) 组成，其中，S 代表主体属性；O 代表客体属性；E 代表上下文环境属性；AC 代表动作属性。

定义 2.2（元素集合）　主体属性集合 $S = \{s_1, s_2, s_3, \cdots, s_n\}$；客体属性集合 $O = \{o_1, o_2, o_3, \cdots, o_n\}$；环境集合记为 $E = \{e_1, e_2, e_3, \cdots, e_n\}$；动作属性集合记为 $\mathrm{AC} = \{\mathrm{ac}_1, \mathrm{ac}_2, \mathrm{ac}_3, \cdots, \mathrm{ac}_n\}$；上述集合中 $n \geqslant 1$。

定义 2.3（主体属性集）　对于任意主体 $s_i \in S(i = 1, 2, \cdots, n)$，则有描述主体 S_i 的属性集合 A_s，且 $A_s = \sum_{i=1}^{n} s_i \cdot A_s$。

定义 2.4（客体属性集）　对于任意客体 $o_i \in O(i = 1, 2, \cdots, n)$，则有描述客体或资源 O_i 的属性集 A_o，且 $A_o = \sum_{i=1}^{n} o_i \cdot A_o$。

定义 2.5（环境属性集）　对于任意上下文 $e_i \in E(i = 1, 2, \cdots, n)$，则有描述上下文 e_i 的属性集 A_e，且 $A_e = \sum_{i=1}^{n} e_i \cdot A_e$。

定义 2.6（动作属性集）　对于任意访问动作 $\mathrm{ac}_i \in \mathrm{AC}\ (i = 1, 2, \cdots, n)$，则有描述访问动作 ac_i 的属性集记为 A_{ac}，且 $A_{\mathrm{ac}} = \sum_{i=1}^{n} \mathrm{ac}_i \cdot A_{\mathrm{ac}}$。

定义 2.7（访问授权）　访问授权为一个四元组：$(\langle S_n \rangle, \langle O_n \rangle, \langle E_n \rangle, \langle \mathrm{AC}_n \rangle)$ 表示访问时授权属性值为 S_n 的主体在属性值为 E_n 的上下文环境下对客体 O_n 进行属性值为 AC_n 的访问动作。

定义 2.8（访问控制策略集）　访问控制策略集表示为 $P = \{P_1, P_2, P_3, \cdots, P_n\}$，则对于任意策略 $p_i \in P, i = 1, 2, \cdots, n$ 内所有属性组成的集合称为策略属性集合 A_p。

定义 2.9（属性访问请求 AAR）　对于任意属性访问控制请求 AAR，有 $\mathrm{AAR} = \{\mathrm{attr}_1 = \mathrm{val}_1, \mathrm{attr}_2 = \mathrm{val}_2, \mathrm{attr}_3 = \mathrm{val}_3, \cdots, \mathrm{attr}_m = \mathrm{val}_m\}$，其中一条 AAR 中至少包含一个主体、客体和动作属性值。

定义 2.10（策略评估）　给定属性访问请求 AAR 下的一个映射：
$$\mathrm{EVA} := p \rightarrow \{\mathrm{permit, deny, not\text{-}applicaton}\}$$
若式中评估结果 $\mathrm{EVA}(p) = \mathrm{not\text{-}applicaton}$，则表示 AAR 无法识别；若 $\mathrm{EVA}(p) = \mathrm{permit}$，则表示 AAR 请求被允许；若 $\mathrm{EVA}(p) = \mathrm{deny}$，则表示 AAR 请求被拒绝。

基于属性的访问控制模型示意图如图 2.8 所示，其中主体提出原始访问请求；AA 为属性权威，负责管理主体属性、客体属性和环境属性等；AAR 为属性访问请求；PEP 为策略执行点；PDP 为策略判定点；PAP 为策略管理点。

基于属性的访问控制流程如下。

（1）主体 $S_i(i = 1, \cdots, n)$ 发出原始访问请求。

（2）策略执行点 PEP 接收到这条原始访问请求后，提出访问请求判决。

（3）策略判定点 PDP 将原始的访问请求转换为一条属性访问请求 AAR 后，向属性权威 AA 提出属性访问请求。

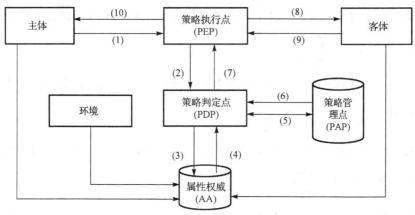

图 2.8　ABAC 模型示意图

(4)属性权威 AA 将相关实体属性信息返回，此时的属性访问请求 AAR 包含主体属性集合、资源属性集合、环境属性集合和动作属性集合。

(5)策略判定点 PDP 根据返回的属性信息，向策略管理点 PAP 策略提交访问请求。

(6)PAP 根据所存储的策略访问信息，从中选择适合判定此条属性访问请求 AAR 的策略，并将策略规则回送给 PDP。

(7)PDP 根据 PAP 回送的策略规则，对属性访问请求 AAR 进行策略判定，并将判定结果返回给策略执行点 PEP。

(8)由策略执行点 PEP 执行判定结果，发送资源访问许可，决定主体 S_i 能否访问该资源。

(9)客体对主体发出的访问请求进行响应，主体完成访问。

ABAC 中的授权是由主体、资源、动作和环境属性共同协商完成访问控制决策的，把与访问控制相关的时间、空间、位置、行为、历史交互等信息作为一种属性进行建模，访问控制中的很多复杂授权和访问控制策略约束都通过不同属性之间的关系、视角和逻辑语义来描述，通过强大的表达能力[52]进行细粒度、复杂的访问授权，增强了访问控制灵活性和可扩展性。

总的来说，ABAC 能够完成细粒度访问控制和面向大规模主体动态授权等问题，并将传统访问控制中的角色、安全等级等抽象为属性，能有效实现传统访问控制模型的所有功能，适用云计算等开放分布式计算环境，应用前景广阔。

2.3　云计算环境下的访问控制模型

云计算是典型的分布式计算环境，并且存在多逻辑安全域，近年来已开始有国内外学者针对云计算访问控制问题进行研究，但现有的面向云计算环境提出的访问控制模型，大部分是针对传统基于角色访问控制模型的改进和扩展，试图通过扩展传统的角色访问控制模型以适用于云计算环境。例如，在实现分布式环境或云计算环境下跨多个安全域之间的互操作[53]上，需要通过角色映射来建立不同安全域之间的角色关联，Shafiq 等通过提取不同安全域中访问控制策略，设计了多安全域环境的策略运算框架[54]，但该框架并未解决多个安全域中产生的策略冲突问题。另外，针对多安全域之间的访问控制问题，Kapadia 等提出了 IRBAC 2000模型[55]。该模型的主要思想是通过建立不同安全域间角色映射关系，将一个安全域中的某个角色映射为本安全域的角色，并通过这种映射关系，一个安全域中该角色的所有上级角色也可以传递映射过来，获得本安全域中被映射角色的权限，克服安全域中用户从本安全域访问对方安全域中的资源问题。

总的来说，IRBAC 模型通过域间角色映射表实现跨域访问控制授权，但其授权过程未考虑上下文环境，是粗粒度的访问控制，同时角色间的映射跨越多个安全域可能会导致角色循环继承并引起冲突问题[56]，而且该模型缺乏策略集成和策略冲突的解决办法。如果在多逻辑安全域的云计算环境中，则该模型以及其他一些类似模型[57, 58]还存在域穿梭问题。文献[59]提出一种镜像角色访问控制模型，实现不同逻辑域之间的安全共享访问。该模型虽然规避了域穿梭问题，但是其访问控制仍然是粗粒度的。文献[60]分析了云计算环境具有虚拟化和弹性化的特性，提出一种基于 RBAC 的云计算访问控制模型，将动态可变机制与主客体安全等级引入访问控制策略中，该模型提高了访问控制的安全性、可靠性和灵活性。文献[61]也是基于 RBAC 模型并面向云计算平台提出了一种分层访问控制方法，解决了云计算环境下访问角色命名冲突等问题，但未给出具体实现方式。

杨柳等[62]在 RBAC 模型的基础上，设计了一种适应于云计算环境中的角色访问控制模型 CARBAC，针对云计算环境中的资源，设计了用户角色和资源拥有者管理角色，在混杂角色层次关系中，提出基于用户权限的角色查找算法，该算法能在云计算环境中选择数量最少的角色指派给用户。

黄晶晶等[63]针对云计算环境下用户和资源动态变化这一特征，提出了一种基于上下文和角色的云计算访问控制模型，该模型基于 RBAC 并引入主客体的属性和所处的上下文环境，根据其上下文信息和上下文约束，动态地授予用户权限。

Jung 等[64]在 RBAC 模型的基础上，提出了一种适用于云环境的角色转换模型，以解决云计算环境的动态变化问题。

这种 RBAC 模型采用预先分配方式为角色进行访问授权，而对用户实际使用权限的过程中并不进行监管和控制，当发现用户进行恶意操作时，云资源很可能已经被破坏，存在安全隐患，为了应对以上问题，有学者提出将信任机制与 RBAC

机制相结合，从而更加安全合理地为用户分配所需的权限。文献[65]和[66]分别引入信任度和行为的概念，提出了云计算环境下基于信任的动态 RBAC 模型和基于行为的访问控制安全模型，给出了信任度和行为的计算方法，并基于用户角色，根据信任度和行为计算结果为其分配相应的权限，提升了云资源访问过程的安全保障。

张凯等[67]提出针对云计算环境下角色的随时间动态改变的问题，提出了一种云计算下基于用户行为信任的访问控制模型。该模型采用直接信任和间接信任计算得到的信任值并确定其信任等级后，激活并赋予该角色相应的访问权限。文献[68]提出了一个面向服务环境的多租户访问控制模型，但该模型的管理员权限不易控制，不能根据云计算环境特点实现大规模动态用户扩展和细粒度访问控制的需求。

但是上述文献均未考虑云计算环境中存在多个逻辑安全域的特点，没有给出跨安全域访问控制方法，在灵活便捷和适应大规模动态复杂云计算环境的可扩展性和细粒度访问控制上尚有不足，也未考虑多租户共享环境下的信任问题和隐私保护问题，因此必须考虑引入新的访问控制模型。

2.4　云计算环境下基于属性加密的访问控制技术

从保护云数据访问时安全的角度出发，要想让个人、企业和组织等用户放心地将其敏感数据外包给云服务提供商管理，就必须着手应对用户所面临的各种安全问题，实现数据有效共享的同时还能保护自己的安全与隐私，数据安全访问控制在云计算安全相关研究工作中是最具挑战的问题[69,70]之一。

在云计算应用服务模式下，数据安全访问保护已不同于传统安全，怎么在云数据访问中保护个人数据不被非法访问，现存的方案主要是通过披露加密数据密钥，采用加密的方法或者基于密文运算技术来应对安全性和访问控制问题，但这样的方案对数据拥有者来说，必须承受巨大的计算开销，而对云服务提供商来说，密钥的分发和管理也面临着巨大的资源消耗，同时也面临在设计用户撤销机制时的困难。

首先为防止这些密文数据隐私泄露，很多同态加密算法和密文检索算法被提出，如 Liu 等[71]提出的一种基于对称加密的密文检索方法；Bonech 等[72,73]提出了基于非对称加密的密文检索方法；国内黄汝维等[74]提出的一种支持隐私保护的可计算加密方法等，Wang 等[75-77]提出了基于 Bloom Filter 的密文检索方法。这些技术保证了数据私密性，使得数据以密文形式存储在云端的同时，能够基于密文进行检索和计算，但在如何应对云环境中的数据有效共享和访问控制时，数据保护问题上存在不足，而基于属性的加密技术的出现为解决上述不足提供了可能的办法。

事实上，近年来已经有不少基于属性的加密技术被提出用来解决云数据的有效共享和访问控制时的隐私保护问题，最早是 Sahai 等[78]于 2005 年提出基于属性加密(attribute-based encryption，ABE)的想法。基于属性加密就是把描述用户身份的属性或属性集合作为密钥标识用户的身份，虽然还是属于基于身份加密技术的改进和扩展，但本质上与基于身份加密(identity-based encryption，IBE)[79]有很大的不同。基于属性的加密方案将基于身份加密方案中的身份概念演化为由一个或多个属性组成的身份属性集合，并将属性集合与访问结构相结合，实现对密文和密钥的访问控制。

实现一对多通信和在密文与密钥中引入访问结构，是属性加密体制的优势。通过将访问结构嵌入密钥和密文中，使得系统可以根据访问结构生成密钥或者密文策略，只有当密文属性集合满足密钥策略或者用户属性集合满足密文策略的要求时，用户才能解密和访问，这样不但保护密文，而且对用户解密也设置一定的门槛。同时在 Sahai 等的方案中还引入了秘密共享的门限访问结构，用户密钥是由密钥生成中心(key generation center，KGC)生成的，用户的私钥和密文都是根据各自属性集合生成的，一个用户要想解密出密文，则必须满足用户的属性集合和密文的属性集合中共有属性的数量达到门限要求。

由于基本 ABE 无法支持灵活的访问控制策略，后来 Goyal 等[80]于 2006 年提出了有密钥策略的属性加密(key policy attribute-based encryption，KP-ABE)方案，将与访问结构有关的用户属性集合和密钥集合标记密文，来限制用户解密密文，实现了对密文的细粒度共享。基于属性的密钥策略加密方案的基本过程如下。

(1)系统初始化：$Setup(1^\lambda, n) \rightarrow (MK, PK)$：授权机构调用该初始化算法。输入安全参数 1^λ、密文属性集中属性数量的最大可能值 n，输出系统公共参数 PK 和系统主密钥 MK。

(2)数据加密：$DataEncrypt(M, \gamma, PK) \rightarrow CT$，输入明文 M、属性集合 γ 以及系统的公钥 PK，输出密文 CT。

(3)密钥生成：$KG(ID, T, MK, PK) \rightarrow SK$：授权机构以一个访问结构 A，系统的公共参数 PK 和系统的主密钥 MK 为输入的参数。生成一个解密密钥 SK。

(4)数据解密：$DataDecrypt(CT, SK) \rightarrow M$：用户运行该解密算法，输入密文 CT 及用户私钥 SK。其中密文 CT 是属性集合 S 参与下生成的，如 S 属于 A，则解密并输出明文 M。

KP-ABE 中共享的数据与属性关联，每个用户都有一棵访问控制策略树，当共享数据的属性满足用户的访问控制策略树时，用户就可以访问共享数据。

KP-ABE 方案通过引入访问树结构并将密钥策略表示成一个访问树,实现属性间的逻辑与和逻辑或操作,扩展密钥策略逻辑表达能力, 能够实现细粒度的访问控制。

KP-ABE 方案的缺陷首先是加密方依赖于 KGC 分发正确的密钥给正确的用户,不能完全控制加密策略,无法确定谁曾访问过数据或者谁没有访问过,而且如果文件被重新加密,则系统所有用户都必须修改私钥才能访问。

KP-ABE 方案中任何一组满足树结构的实体都可以重构秘密,可实现一定程度的容错,但用户不能与其他用户合作构建出访问权限之外数据的密钥。

对于 KP-ABE 中存在的问题,Bethencourt 等[81]于 2007 年提出了密文策略的基于属性的加密(ciphertext policy attribute-based encryption,CP-ABE)方案,用户的密钥与表示成字符串的属性相关,利用密文中的部分信息表示访问结构,用户只有通过了访问结构的验证才能解密, 密文策略属性基加密体制如图 2.9 所示。

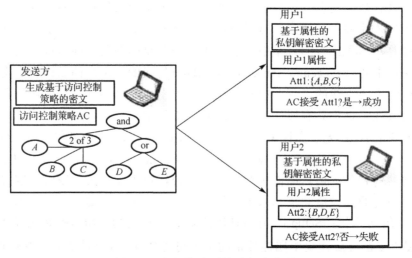

图 2.9　密文策略属性基加密体制

在密文策略属性加密方案中,用户被分配一组关联用户私钥的属性。每一个共享的数据都有一个访问控制策略树,树中的每个中间节点包括一个与门或一个或门,叶子节点对应于属性,只有当用户拥有的属性组满足访问控制策略树结构时,才可以利用这些属性私钥进行计算获得解密密钥,从而可以访问共享数据。CP-ABE 方案中数据拥有者通过将多个不同的属性分发给不同的用户,实现细粒度的访问控制授权。

CP-ABE 加密体制中只有当用户的属性满足访问控制策略时才可以成功解密密文。除了能够加密数据外,属性基加密能够灵活表示访问控制策略,从而极大地降低了数据共享细粒度访问控制带来的网络带宽和发送节点的处理开销问题，在云计算访问控制等领域中有着广泛的应用。

但在实际应用中，对于复杂环境中密文策略的制定上，CP-ABE 方案也有不足，例如，在 CP-ABE 方案中由于用户的属性集合是简单集合，所以支持的密文策略也只能是简单的，并且如果密文策略中包含数值类属性，则在 CP-ABE 方案中只能将一个密钥值对应一个具体的数值属性。

无论 CP-ABE 方案还是 KP-ABE 方案，都存在属性到期、密钥泄露、属性变更等问题，因此必须引入属性撤销机制，如何保证属性撤销时的安全和性能，成为属性基加密方案设计中必须面对的重要问题。这方面对代理者保密的代理重加密技术是一个很重要的、有前途的方法。

代理重加密[82]是指利用一个不完全可信的代理，实现文件的安全存储。在不向代理泄露底层明文的情况下，代理可将一个只有 Alice 能解密的密文，转换为 Bob 能解密的密文。文献[83]提出了一种无方向的代理重加密方案，被代理者不需要向任何人揭露私钥信息，不向代理方揭露底层明文和底层密钥，使得代理方在密文之上进行重加密。文献[84]提出一种云环境中基于时钟的代理重加密方案。数据拥有者和云服务提供商通过将时间分层，把时间和共享的秘密作用在各个属性之上，从而可以让云服务提供商来充当代理的角色，以实现代理重加密的功能。该方案不需要数据拥有者的参与，通过内部时钟来让云服务提供商自动重加密数据，从而实现撤销权限时的重加密。

文献[85]提出了一种多授权中心属性加密方案，在该方案中，每个用户都有一个 ID 并能使用不同的化名和授权中心交互，用户不同的化名都和其私钥绑定，授权中心不知道用户私钥，也不知道那些化名属于同一个用户。每个授权中心都有各自的局部密钥并且分发和管理一组用户的属性集合，只有当用户在每个授权中心上都解密出局部主密钥时，才能最终解密系统主密钥加密的密文，所以当有多个授权中心被攻击时，只要还存在安全的授权中心就能保证系统的安全。但是该方案的基础是基于门限的 ABE 技术，这种技术的缺陷仍然没有被改进。

文献[86]~[91]提出了一些如何更高效且安全的保护云数据的研究方案，如文献[86]中，Yu 等提出一种安全的、可扩展的细粒度云计算访问控制方案，该方案中大量使用了代理重加密和 KP-ABE 技术。但这种方案可能导致每次用户撤销时系统负载过大，这也是 KP-ABE 技术的缺点之一。

2.5 本 章 小 结

本章对访问控制相关技术的国内外研究现状进行了全面总结和梳理，内容包括基本访问控制理论研究现状、基于属性的访问控制模型国内外研究工作现状、云计算环境下的访问控制模型研究工作现状和云计算环境下基于属性加密技术的研究工作现状等。根据这些国内外研究工作，我们认为尽管传统的访问控制技术已经非常成熟，但是很多都不能很好适用于云计算环境，有的虽能适用于云计算环境，但本身授权粒度比较粗，也没有保护云用户和云服务的安全和隐私机制，因此研究云计算的面向安全和隐私的访问控制技术是必要的和可行的。接下来本书将结合云计算的特点，提出面向信任和隐私及属性标签的访问控制、基于神经网络及 RE-CWA 的信任评估的访问控制技术、基于模糊推理的云服务选择方法、基于资源分离的自动信任协商、基于多属性授权中心的隐私保护技术、基于多密钥生成中心及权重访问结构树的属性访问控制技术、基于无可信第三方的属性加密访问控制技术、基于 PBAC 及 ABE 的云访问控制技术等，都是为了应对现有研究工作及研究方案中存在的问题。

参 考 文 献

[1] Sandhu R, Coyne E J, Feinstein H L, et al. Role-based access control models. IEEE Computer, 2009, 29 (2): 38-47.

[2] 许峰, 赖海光, 黄唯, 等. 面向服务的角色访问控制技术研究. 计算机学报, 2005, 28(4): 686-693.

[3] Conway R W, Maxwell W L. On the implementation of security measures information systems. Communications of the ACM, 1972, 15(4): 211-220.

[4] Denning D E. A lattice model of secure information flow. Communications of the ACM, 1976, 19(5): 236 -243.

[5] Bharadwaj V, Baras J. Towards automated negotiation of access control policies//Proceedings of the IEEE International Workshop on Policies for Distributed Systems and Networks, 2003: 111-119.

[6] Sandhu R, Bhamidipati V, Munawer Q. The ARBAC97 model for role-based administration of roles. ACM Transactions on Information and System Security,1999, 2(1): 105-135.

[7] Crampton J, Loizou G. Administrative scope: a foundation for role-based administrative models. ACM Transactions on Information and System Security, 2003, 6(2): 201-231.

[8] Koch M, Mancini L, Parisi-Presicce F. Administrative scope in the graph-based framework //Proceedings of the ACM Symposium on Access Control Models and Technologies, 2004: 97-104.

[9] Bertino E, Bonatti P, Ferrari E. TRBAC: a temporal role-based access control model. ACM Transactions on Information and Systems Security, 2001, 4(3): 191-223.

[10] Sandhu R. Role activation hierarchies//Proceedings of the ACM Workshop on Role-Based Access Control, 1998: 33-40.

[11] Joshi J. A Generalized Temporal Role Based Access Control Model for Developing Secure Systems. West Lafayette: Purdue University, 2003: 38-69.

[12] Joshi J, Bertino E, Latif U, et al. A generalized temporal role based access control model. IEEE Transactions on Knowledge and Data Engineering, 2005, 17(1): 4-23.

[13] Ahn G, Sandhu R. Role-based authorization constraints specification. ACM Transactions on Information and System Security, 2000, 3(4): 207-226.

[14] Atluri V, Gal A. An authorization model for temporal and derived data: securing information portals. ACM Transactions on Information and System Security, 2002, 5(1): 62-94.

[15] Wainer J, Barthelmess P, Kumar A. W-RBAC: a workflow security model incorporating controlled overriding of constraints//Proceedings of the International Journal of Cooperative Information Systems, 2003: 455-485.

[16] Chandran S, Joshi J. LoT-RBAC: a location and time-based RBAC model//Proceedings of the International Conference on Web Information Systems Engineering, 2005: 361-375.

[17] Al-Kahtani M, Sandhu R. Rule-based RBAC with negative authorization//Proceedings of the Annual Computer Security Applications Conference, 2004: 405-415.

[18] Steinmuller B, Safarik J. Extending role-based access control model with states//Proceedings of the International Conference on Trends in Communications, 2001: 398-399.

[19] Mossakowski T, Drouineaud M, Sohr K. A temporal-logic extension of role-based access control covering dynamic separation of duties//Proceedings of the International Conference on Temporal Logic, 2003: 83-90.

[20] Crampton J, Loizou G. Administrative scope and role hierarchy operations//Proceedings of the ACM Symposium on Access Control Models and Technologies, 2002: 145-154.

[21] Gligor V, Gavrila S, Ferraiolo D. On the formal definition of separation-of-duty policies and their composition//Proceedings of the IEEE Symposium on Security and Privacy, 1998: 172-183.

[22] Simon R, Zurko M. Separation of duty in role-based environments//Proceedings of the Computer Security Foundations Workshop, 1997:183-194.

[23] Crampton J. Specifying and enforcing constraints in role-based access control//Proceedings of the ACM Symposium on Access Control Models and Technologies, 2003:43-50.

[24] Park J, Sandhu R. Towards usage control models: beyond traditional access control. Proceedings of the 7th ACM Symposium on Access Control Models and Technologies, 2002: 57-64.

[25] Chandran S M, Joshi J B D. Towards administration of a hybrid role hierarchy//Proceedings of the International Conference on Information Reuse and Integration, 2005: 500-505.

[26] Du S, Joshi J B D. Supporting authorization query and inter-domain role mapping in presence of hybrid role hierarchy//Proceedings of the ACM Symposium on Access Control Models and Technologies, 2006: 228-236.

[27] Kern A. Advanced features for enterprise-wide role-based access control//Proceedings of the Computer Security Applications Conference, 2002: 333-342.

[28] Wainer J, Kumar A, Barthelmess P. DW-RBAC: a formal security model of delegation and revocation in workflow systems. Information Systems, 2007, 32(3): 365-384.

[29] Tang Z, Li R, Lu Z, et al. Dynamic access control research for inter-operation in multi-domain environment based on risk//Proceedings of the International Workshop on Information Security Applications, 2007: 277-290.

[30] Li R, Tang Z, Lu Z, et al. Request-driven role mapping framework for secure interoperation in multi-domain environment. International Journal of Computer Systems Science & Engineering, 2008, 23(3): 193-207.

[31] 张磊, 张宏莉, 韩道军, 等. 基于概念格的 RBAC 模型中角色最小化问题的理论与算法. 电子学报, 2014, 42(12): 2371-2376.

[32] Cohen E, Thomas R K, Winsborough W, et al. Models for coalition-based access control (CBAC)//Proceedings of the ACM Symposium on Access Control Models and Technologies, 2002: 97-106.

[33] Bhatti R, Bertino E, Ghafoor A. A trust-based context-aware access control model for web-services//Proceedings of the IEEE International Conference on Web Services, 2005: 184-191.

[34] Marsh S P. Formalising Trust as a Computational Concept. Stirling: University of Stirling, 1994: 35-42.

[35] Blaze M, Feigenbaum J, Lacy J. Decentralized trust management//Proceedings of the 17th Symposium on Research in Security and Privacy, 1996: 164-173.

[36] Blaze M, Feigenbaum J, Strauss M. Compliance checking in the policy maker trust management system//Proceedings of the 2nd International Conference on Financial Cryptography Table of Contents, 1998: 254-274.

[37] Blaze M, Feigenbaum J, Ioannidis J, et al. The role of trust management in distributed systems security. Secure Internet Programming, 2002: 185-210.

[38] 李建欣, 怀进鹏, 李先贤. 自动信任协商研究. 软件学报, 2006, 17(1): 124-133.

[39] Weeks S. Understanding trust management systems//Proceedings of the IEEE Symposium on

Security and Privacy, 2001: 94-105.

[40] Zhang X, Li Y, Nalla D. An attribute-based access matrix model//Proceedings of the ACM Symposium on Applied Computing, 2005: 359-363.

[41] Wang L, Wijesekera D, Jajodia S. A logic-based framework for attribute based access control //Proceeding of the ACM Workshop on Formal Methods in Security Engineering, 2004: 45-55.

[42] Lang B, Foster I, Siebenlist F, et al. A flexible attribute based access control method for grid computing. Journal of Grid Computing, 2009, 7(2): 169-180.

[43] Bobba R, Fatemieh O, Khan F, et al. Using attribute-based access control to enable attribute-based messaging//Proceedings of the Computer Security Applications Conference, 2006: 403-413.

[44] Zhang X, Li Y, Nalla D. An attribute-based access matrix model//Proceedings of the ACM Symposium on Applied Computing, 2005: 359-363.

[45] Ye C X, Zhong J, Feng Y. Attribute-based access control policy specification language. Journal of Southeast University, 2008: 24.

[46] Piero B, Vimercati D C D. An algebra for composing access control policies. ACM Transactions on Information & System Security, 2002, 5(5): 1-35.

[47] Ye C, Wu Z, Fu Y. An attribute-based delegation model and its extension. Journal of Research and Practice in Information Technology, 2006, 38(1): 3-17.

[48] 冯黎晓, 王静宇. 云计算环境下基于属性的访问控制方法研究. 内蒙古: 内蒙古科技大学, 2014: 14-33.

[49] 程相然, 陈性元, 张斌, 等. 基于属性的访问控制策略模型. 计算机工程, 2010, 36(15): 131-133.

[50] 李晓峰, 冯登登, 陈朝武, 等. 基于属性的访问控制模型. 通信学报, 2008, 29(4): 90-98.

[51] 林莉, 怀进鹏, 李先贤. 基于属性的访问控制策略合成代数. 软件学报, 2009, 20(2): 403-414.

[52] 王明, 付红. 基于属性的访问控制研究进展. 电子学报, 2010, 38(7): 1660-1664.

[53] Dawson S, Qian S, Samarati P. Providing security and interoperation of heterogeneous systems. Distributed and Parallel Databases, 2000, 8(1): 119-145.

[54] Shafiq B, Joshi J B D, Bertino E, et al.Secure interoperation in a multidomain environment employing RBAC policies. IEEE Transactions on Knowledge & Data Engineering, 2005, 17(11): 1557-1577.

[55] Kapadia A, Al-Muhtadi J, Campbell R, et al. IRBAC 2000: secure interoperability using dynamic role translation//Proceedings of the International Conference on Internet Computing, 2000: 231-238.

[56] Jajodia S, Samarati P, Sapino M, et al. Flexible support for multiple access control policies. ACM Transactions on Database System, 2001, 26(2): 214-260.

[57] 夏鲁宁, 荆继武. 一种基于层次命名空间的 RBAC 管理模型. 计算机研究与发展, 2007, 44(12): 2020-2027.

[58] 翟征德, 冯登国, 徐震. 细粒度的基于信任度的可控委托授权模型. 软件学报, 2007, 18(8): 2002-2015.

[59] 杨柳. 云计算环境中基于访问控制模型的用户效用安全优化研究. 长沙: 湖南大学, 2011: 5-30.

[60] 赵明斌, 姚志强. 基于 RBAC 的云计算访问控制模型. 计算机应用, 2012, 32(S2): 267-270.

[61] 张斌, 张宇. 基于属性和角色的访问控制模型. 计算机工程与设计, 2012, 33(10): 3807-3811.

[62] 杨柳, 唐卓. 云计算环境中基于用户访问需求的角色查找算法. 通信学报, 2011, 32(7): 169-175.

[63] 黄晶晶, 方群. 基于上下文和角色的云计算访问控制模型. 计算机应用研究, 2015, 35(2): 393-396.

[64] Jung Y, Chung M. Adaptive security management model in the cloud computing environment//Proceedings of the International Conference on Advanced Communication Technology, 2010: 1664-1669.

[65] Tan Z J, Tang Z, Li R F, et al. Research on trust-based access control model in cloud computing//Proceedings of the IEEE Joint International Information Technology and Artificial Intelligence Conference, 2011: 339-344.

[66] 林果园, 贺珊, 黄皓. 基于行为的云计算访问控制模型安全模型. 通信学报, 2012, 33(3): 59-66.

[67] 张凯, 潘晓中. 云计算下基于用户行为信任的访问控制模型. 计算机应用, 2014, 34(4): 1051-1054.

[68] 金诗剑, 蔡鸿明, 姜丽红. 面向服务的多租户访问控制模型研究. 计算机应用研究, 2013, 30(7): 2136-2139.

[69] 别玉玉, 林果园. 云计算中基于信任的多域访问控制策略. 信息安全与技术, 2012, 3(10): 39-45.

[70] 汪建, 方洪鹰. 云计算环境中访问控制策略合成研究. 西安: 西安电子科技大学, 2014: 15-48.

[71] Liu Q, Wang G J, Wu J. An efficient privacy preserving keyword search scheme in cloud computing//Proceedings of the 12th IEEE International Conference on Computational Science

and Engineering, 2009: 715-720.

[72] Bonech D, Crescenzo G D, Ostrovsky R, et al. Public-key encryption with keyword search//Proceedings of the Eurocrypt, 2004: 506-522.

[73] Song D X, Wagner P, Perrig P. Practical techniques for searches on encrypted data//Proceedings of the IEEE Symposium on Security and Privacy, 2000: 44-55.

[74] 黄汝维, 桂小林. 云计算支持隐私保护的可计算加密方法. 计算机学报, 2011, 34(2): 2392-2402.

[75] Wang W C, Li Z W, Owens R, et al. Secure and efficient access to outsourced data//Proceedings of the ACM Workshop on Cloud Computing Security, 2009: 55-66.

[76] Shin J S. A new privacy-enhanced matchmaking protocol. IEICE Transactions on Communications, 2013, 2(8): 2049-2059.

[77] Ohtaki Y. Partial disclosure of searchable encrypted data with support for Boolean queries//Proceedings of the 3th International Conference on Availability, Reliability and Security, 2008: 1083-1090.

[78] Sahai A, Waters B. Fuzzy identity-based encryption//Proceedings of the 24th Annual International Conference on the Theory and Applications of Cryptographic Techniques, 2005: 457-473.

[79] Shamir A. Identity based cryptosystems and signature schemes. Advances in Cryptology Lecture Notes in Computer Science, 1984: 47-53.

[80] Goyal V, Pandey O, Sahai A, et al. Attribute-based encryption for fine-grained access control of encrypted data//Proceedings of the 13th ACM Conference on Computer and Communications Security, 2006: 89-98.

[81] Bethencourt J, Sahai A, Waters B. Ciphertext-policy attribute-based encryption//Proceedings of IEEE Symposium on Security and Privacy, 2007: 321-334.

[82] Ivan A, Dodis Y. Proxy cryptography revisited//Proceedings of the Network and Distributed System Security Symposium (NDSS), 2003: 42-51.

[83] Ateniese G, Fu K, Green M, et al. Improved Proxy Re-encryption Schemes with Applications to Secure Distributed Storage. Catamaran: ACM Press, 2005: 37-43.

[84] Liu Q, Wang G, Wu J. Clock-based proxy re-encryption scheme in unreliable clouds//Proceedings of the International Conference on Parallel Processing Workshops, 2012: 304-305.

[85] Chase M. Multi-authority attribute based encryption. Theory of Cryptography, 2007: 515-534.

[86] Yu S, Wang C, Ren K, et al. Achieving secure,scalable and fine-grained data access control in cloud computing Proceedings of the International Conference on Computer Communications, 2010: 1-9.

[87] Ostrovsky R, Sahai A, Waters B. Attribute-based encryption with non-monotonic access structures//Proceedings of the ACM Conference on Computer & Communications Security, 2007:195-203.

[88] Huang R, Gui X, Yu S, et al. Study of privacy-preserving framework for cloud storage. Computer Science & Information Systems, 2011, 8(3): 801-819.

[89] Guo Y, Liu J, Zhang Y, et al. Hierarchical attribute-based encryption for fine-grained access control in cloud storage services. Computers & Security, 2010, 30: 735-737.

[90] Liu J, Wan Z, Gu M. Hierarchical attribute-set based encryption for scalable, flexible and fine-grained access control in cloud computing//Proceedings of the International Conference on Information Security Practice and Experience, 2011: 98-107.

[91] Yu S, Wang C, Ren K, et al. Attribute based data sharing with attribute revocation //Proceedings of the ACM Symposium on Information, Computer and Communications Security, 2010: 261-270.

第3章　基于信任和隐私及属性标签的访问控制

在云计算环境下，传统基于角色的访问控制模型及其扩展模型在控制粒度、大规模用户灵活授权、动态复杂性以及可扩展性等方面存在不足。基于属性的访问控制(attribute-based access control，ABAC)技术虽然能适用于云计算环境，但其自身也存在一些固有缺陷，如访问过程需要公开或部分公开主客体及上下文环境等属性信息。基于属性的访问控制模型本身不具备有效的隐私保护机制，因此这可能导致在访问控制决策时访问主体敏感信息的非法泄露。为了优化处理上述问题，本章结合基于属性的访问控制技术，在基本的 ABAC 模型基础上增加信任与隐私两个重要属性，提出一种云计算环境下面向信任和隐私保护的细粒度属性访问控制(CC-TPFGABAC)模型。在该模型中，访问请求以访问者、被访问资源、环境、动作、隐私及信任等属性进行描述，访问决策基于访问请求中的属性信息，它根据访问者、被访问资源、动作、运行上下文、信任及隐私等属性元素，采用动态、细粒度授权机制，具有更好的灵活性和可扩展性。

SaaS 是一种常见的多租户模式，其有效加快了企业服务效率，而且缩减了企业的开支。当前，要求 SaaS 能够满足租户各自配置的基础数据并可以阻隔租户间的数据，这样就能保护每个租户的数据安全[1]。各项服务由该平台提供给租户，但租户不希望数据被别的部门甚至平台管理者窥探，如此，这样的模式是不是安全以及会不会提供可观的管理就成了重要的问题。

针对访问控制模式的安全性和管理性问题，数据保护和对抗外部攻击是很多模型关注的重点。例如，张坤是通过数据组合的方式，将重要的数据和密钥都交给可信第三方，根据属性特征把数据分成分块，由第三方混淆重构进行保护[2]。夏鲁宁等则从效率入手提出了一种基于命名空间访问控制(N-RBAC)模型，为了减轻平台管理人员的工作量，该模型中，借助各自不同的命名空间对角色和资源进行管理，大大简化了对系统角色和资源管理的消耗[3]。后来，工作流管理中的问题引起了邓集波等的关注，他们提出了 TBAC(即基于任务的访问控制)模型[4]，该模型有效地解决了角色权限的动态分配问题。但对数据保护和管理效率的侧重关注绕不开平台内部人员对租户管理权限继承这样的安全问题。

按照可信第三方的思路建立控制模型就自然忽略了平台内部监守自盗的问题。当然，一些国内外学者对此问题也进行了研究，在曹进提出的标签跨域访问控制模型里特别针对内部安全进行保护，把模型分为租户层和管理层，它们之间通过标签访问[5]。租户和管理者通过角色获取相应的标签，标签之间通过权限设置，具体实施跨域访问。管理者接触不到租户实质的数据，避免了监守自盗的风险。但是，随之产生大量的标签降低了工作效率，对跨域访问的核心标签管理也缺乏可靠安全的保护方法。

本章对此提出一种通过属性管理标签的方法，并通过针对属性的 l-多样性微聚集算法[6]加强对属性标签的保护。

(1) 对于标签数量增加这个随之而来的麻烦，提出了一个有效区分标签的模型。属性标签管理模型，通过赋予标签属性来管理，实现跨域访问控制。提高了标签管理的效率，使控制模型更方便。

(2) 对于属性标签表中属性标签的保护尤为重要，对此提出属性标签敏感保护算法，在应用于单敏感数据保护的 MDAV 算法[7]上借助 l-多样性原则，拓展出针对属性标签的保护算法，提高了方案核心属性标签的安全性。

3.1　基于属性的访问控制模型

属性是用来描述某个实体的角色、状态、证书、身份等基本信息的，根据要描述的实体对象的不同可分为主体属性、授权动作属性、客体或资源属性、上下文环境属性等。

属性访问控制是利用主体、客体、动作、上下文环境、信任及隐私等相关的属性作为访问授权策略制定的基础，系统复杂的具体授权和约束描述均可通过定义各不同属性间的关系来实现，以满足细粒度访问控制和授权需求。属性访问控制的基本组件包括策略执行点(PEP)、策略判定点(PDP)、策略管理点(PAP)、策略信息点(PIP)，借鉴参考文献[8]的属性访问控制基本框架如图 3.1所示。

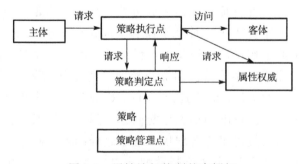

图 3.1　属性访问控制基本框架

在图 3.1 中，策略执行点接收访问请求，这些请求是根据属性权威定义的属性来描述的。策略执行点将属性访问请求传递给策略判定点，策略判定点根据从策略管理点处获取的策略进行判定，反馈判定结果并由策略执行点执行。

3.2　CC-TPFGABAC 模型形式化定义

CC-TPFGABAC 模型是在云计算环境下定义的一种细粒度的、灵活授权的属性访问控制方法，实现本地安全域和跨逻辑安全域访问授权控制，根据实体属性的动态变化，同步更新访问控制请求判定策略，其形式化定义如下。

定义 3.1（信任）　表示某一访问实体对另一访问实体预期行为的主观判断，本章用 T_S 与 T_O 分别表示主体信任与客体信任。

定义 3.2（隐私）　表示访问实体或被访问实体不愿被不可信实体获取的信息，本章用 P_S 与 P_O 分别表示主体隐私与客体隐私。

定义 3.3（CC-TPFGABAC）　CC-TPFGABAC 模型由 (S, R, E, A, T, P) 组成，其中，S 表示访问主体；R 表示被访问的客体或资源；E 表示访问时所需的上下文环境；A 表示授权动作；T 表示信任；P 表示隐私。

定义 3.4（属性名）　Sattr、Rattr、Eattr、Aattr、Tattr、Pattr 分别被定义为主体属性名、资源属性名、环境属性名、动作属性名、信任属性名和隐私属性名。

定义 3.5（属性名值对）　属性名值对由属性名和对应属性值构成，如果用 avp 表示属性名值对，attr 表示属性名，value 代表属性名对应属性值，则有 avp ⟵ (attr = value)。

Savp、Tavp、Pavp、Ravp、Eavp 和 Aavp 分别被定义为主体属性名值对、信任属性名值对、隐私属性名值对、客体或资源属性名值对、上下文环境属性名值对和动作请求属性名值对。

定义 3.6（属性访问请求）　属性访问请求用 $\text{Req}(s, r, e, a, t, p)$ 来表示，定义为

$$\text{Req}(s, r, e, a, t, p) =$$
$$\{\text{Savp}_1, \text{Savp}_2, \cdots, \text{Savp}_n\} \bigcap \{\text{Ravp}_1, \text{Ravp}_2, \cdots, \text{Ravp}_n\}$$
$$\bigcap \{\text{Eavp}_1, \text{Eavp}_2, \cdots, \text{Eavp}_n\} \bigcap \{\text{Aavp}_1, \text{Aavp}_2, \cdots, \text{Aavp}_n\}$$
$$\bigcap \{\text{Tavp}_1, \text{Tavp}_2, \cdots, \text{Tavp}_n\} \bigcap \{\text{Pavp}_1, \text{Pavp}_2, \cdots, \text{Pavp}_n\}$$

其中，$\{\text{Savp}_1, \text{Savp}_2, \cdots, \text{Savp}_n\}$ 表示访问主体的属性名值对集；

$\{\text{Ravp}_1, \text{Ravp}_2, \cdots, \text{Ravp}_n\}$ 表示被访问的客体或资源属性名值对集；

$\{\text{Eavp}_1, \text{Eavp}_2, \cdots, \text{Eavp}_n\}$ 表示访问时所需上下文环境属性名值对集；

$\{\text{Aavp}_1, \text{Aavp}_2, \cdots, \text{Aavp}_n\}$ 表示访问授权动作属性名值对集；

$\{\text{Tavp}_1, \text{Tavp}_2, \cdots, \text{Tavp}_n\}$ 表示主客体信任属性名值对集；

$\{\text{Pavp}_1, \text{Pavp}_2, \cdots, \text{Pavp}_n\}$ 表示主客体隐私属性名值对集合。

定义 3.7（属性谓词） apvp ← (attr ∝ value)，其中∝是关系表达式运算符，∝可以是>、<、=、≥、≤或≠等，用来限定属性谓词值的取值范围。

定义 3.8（属性谓词值对） Sapvp、Rapvp、Tapvp、Papvp、Eapvp、Aapvp 被分别定义为主体、客体或资源、信任、隐私、上下文环境、授权动作的属性谓词值对，则有如下定义。

（1）$Sapvp_1, Sapvp_2, \cdots, Sapvp_k$ 表示访问主体定义的属性谓词值对集合。

（2）$Rapvp_1, Rapvp_2, \cdots, Rapvp_k$ 表示被访问客体定义的属性谓词值对集合。

（3）$Tapvp_1, Tapvp_2, \cdots, Tapvp_k$ 表示信任属性谓词值对集合。

（4）$Papvp_1, Papvp_2, \cdots, Papvp_k$ 表示隐私属性谓词值对集合。

（5）$Eapvp_1, Eapvp_2, \cdots, Eapvp_k$ 表示访问时上下文环境属性谓词值对集合。

（6）$Aapvp_1, Aapvp_2, \cdots, Aapvp_k$ 表示授权动作属性谓词值对集合。

3.3 CC-TPFGABAC 模型

CC-TPFGABAC 模型由细粒度属性定义、安全认证和域定位、策略集制定、信任评估、策略评估与合并、细粒度访问控制与决策等模块组成，如图 3.2 所示。

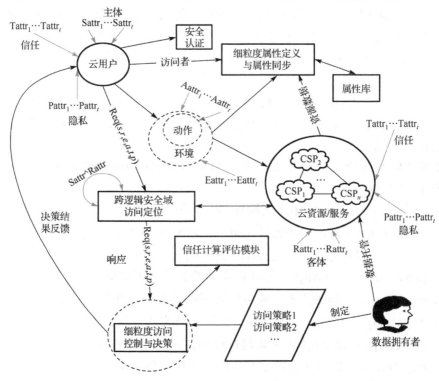

图 3.2 CC-TPFGABAC 模型

1）属性定义与属性同步

要实现细粒度控制，就必须为云用户、数据拥有者及云资源或服务等定义出详细的具体属性，属性越详细，属性约束组合越多，越能做到用户访问云资源或云服务的精细化访问控制。访问主体在跨逻辑安全域访问客体时还需要保持属性在不同安全域的同步，客体安全域中的策略执行模块需检测访问者主体属性变更情况，如果没有变更，则交由策略判定点继续处理；否则由策略执行点负责记录属性变更情况，并更新本安全域中的主体属性表。

2）安全认证与跨逻辑安全域访问定位

当用户访问云服务时，首先通过身份认证，认证完成后赋予标识用户身份的属性证书，然后将访问请求发到是否跨逻辑安全域访问的判断分析模块，由该模块抽取访问请求中的主客体相关信息，判断该请求属于跨逻辑安全域访问还是本地安全域访问，判断完成后进入相应的安全域查找对应客体。

3）细粒度访问控制与决策

细粒度访问控制与决策模块分为跨逻辑安全域访问决策和本地安全域访问决策两部分，要实现这两种不同访问类型下的细粒度访问控制，需要维护和定义大量的访问控制策略，而这些策略是由主体属性、资源属性、域标识、环境属性、动作属性、信任属性和隐私属性等相关属性约束条件组成的，需要数据拥有者根据自己的要求来定义这些策略集，为策略判定过程提供支持，并由 PDP 和 PEP 共同实现细粒度访问控制和授权管理。

当云用户向 PEP 提出对客体资源的访问控制请求时，PDP 向 PAP 查询适合判定的相关策略集，并获取策略合并算法，对用户的访问请求进行策略判定，并将判定结果发给 PEP 进行执行授权，同时将判定及授权结果返回给用户，实现用户细粒度访问权限控制，其具体动作时序图如图 3.3 所示。具体动作时序说明如下。

主体提出客体或资源访问请求，PEP 收到该请求后，向 PDP 提出访问请求判决，PDP 向 AA 提出属性访问请求，AA 返回相关主客体的相关属性信息，PDP 根据各属性信息所形成的策略规则向 PAP 请求合适的策略判定规则，PAP 收到该请求后，匹配相应的策略判定规则后将结果返给 PDP，PDP 根据该规则进行访问请求判定，并将结果返给 PEP，PEP 根据判定结果，向客体发送资源访问许可，客体响应该访问请求给 PEP，PEP 将结果返给访问主体。

4）模型扩展隐私与信任属性

与现有的 ABAC 模型相比，传统的 ABAC 模型没有引入与信任相关的属性，忽略了交互过程中实体间的信任关系，没有认识到信任对安全性决策授权的影响，因此，本章将信任管理引入属性访问控制模型之中，在信任管理模型与属性访问模型的基础上进行改进与拓展，将信任度和隐私保护的概念引入属性访问控制模型中，提出一种面向信任和隐私的细粒度属性访问控制新模型，该模型同时扩展了隐私保护和信任这两个重要实体，加强了对主体与客体的信任及敏感属性保护等。

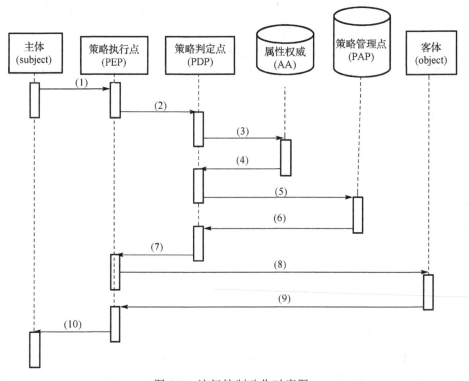

图 3.3　访问控制动作时序图

图 3.4 表述了本章提出的扩展模型的元素关系，该模型包含的属性元素有主体(用户的集合)、客体(资源的集合)、上下文环境、授权动作、访问控制与决策、信任实体(包括主体信任 TrustS 与客体信任 TrustO)和隐私实体(包括主体隐私 PrivacyS 与客体隐私 PrivacyO)。

图 3.4 说明当主体试图访问客体并做出某种动作时，在对该动作进行授权或拒绝之前，该主体的访问请求首先进入访问控制决策模块，由访问控制决策模块通过相应的隐私保护评价来判断主客体之间的访问目的的兼容性，从而保证主客体隐私，然后利用信任度计算保证客体对主体及主体对客体的信任度，通过后再加上特定上下文环境信息以及访问主体与被访问客体的属性来最终决定访问控制决策结果。

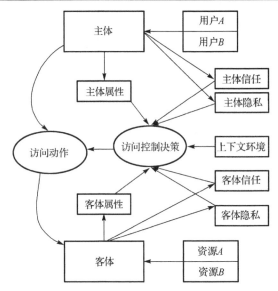

图 3.4 增加隐私与信任元素的访问控制决策

3.4 细粒度访问控制

CC-TPFGABAC 模型是根据参与访问的各方实体属性约束及其属性约束组合实现细粒度授权的，具体如图 3.5 所示。实体属性包括主体属性、资源属性、环境属性、授权动作属性、主客体信任属性及隐私属性等，主体属性可以包括身份、级别、特征、位置、单位、PKI 证书、信任度及主体隐私等；资源属性包括资源标识 ID、所有者、资源隐私、大小、访问开销、服务级别、建立时间等；上下文环境属性通常是主体访问客体时的实体状态、访问时间、运行情况及安全状况等；授权动作属性表示对资源或客体的动作，如读操作、写操作、复制及删除等；隐私包括主体隐私和客体隐私；信任包括主体信任和客体信任等。

在图 3.5 中通过增加属性关联约束条件对主体属性进行限制性要求，形成细粒度属性条件约束，如某属性约束条件要求主体的安全级别属性必须大于 3、信任度大于 0.8 和岗位级别必须大于 5，并且其病史隐私属性不能访问。在角色等基本访问控制模型中，权限是操作与客体的二元关系。本模型将细粒度授权定义为主体、动作、客体、环境、隐私、信任与约束条件的多元关系，只有所有约束条件组合为真时，操作与客体的二元关系才能被接受，该授权才有效。

CC-TPFGABAC 模型采用属性访问控制方法和授权策略，能利用组合逻辑来组合不同的属性规则和策略，定义出不同属性条件约束的复杂组合以及语义更为丰富、更复杂的访问控制策略，并通过提供属性策略的合成来为用户访问请求构建灵活强大的细粒度访问控制，进而决定一个主体 s 发出的访问请求是否允许对客体或资源 r 进行访问。此外，基于属性的细粒度访问控制模型还具有灵活控制、低复杂性的特点。

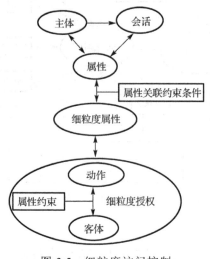

图 3.5　细粒度访问控制

(1)当业务逻辑变化时，角色访问控制及其扩展模型需要对角色和权限重新设置，而属性访问控制只需修改相应的策略规则。属性访问控制授权决策中属性可以是静态的，也可以是动态的，属性访问控制中上下文环境属性的引入使得匿名控制和访问更加灵活，可以支持动态属性的授权决策。

(2)属性访问控制大大降低系统的复杂度，假设某安全域中主体有 m 个属性，每个属性有 k_i 个属性值，在角色访问控制中需要定义 $\prod_{i=1}^{m} k_i$ 个角色，而在属性访问控制中只需定义 m 个属性，不仅降低了系统复杂度，而且规则数目也随主客体数量增加仅呈线性增长而不是指数级增长。

3.5　CC-TPFGABAC 模型策略属性合成与评估

3.5.1　访问控制策略

访问控制策略主要用来保护不同安全域中云服务或云资源的安全性，阻止那些未授权的访问。在传统的基于属性的访问控制模型中，主要通过主体属性、客体属性、动作属性及上下文环境来制定访问控制策略，访问控制策略是规则和属性的函数，策略中的规则由三项组成：访问目标、前提条件以及规则结果。

访问控制策略规则结果通常有四种：Permit、Deny、Unknown、Not-App。在访问控制决策中通过对属性条件的评估得到不同的访问控制策略规则结果。在云计算环境下，属性访问控制策略相关定义如下。

定义 3.9（属性分配）　$A(s)$、$A(r)$、$A(e)$、$A(a)$、$A(p)$、$A(t)$ 分别表示对应的主体、客体、环境、动作、隐私及信任的属性分配关系，其中

$$A(s) \in SA_1 \times SA_2 \times SA_3 \times \cdots \times SA_n$$
$$A(r) \in RA_1 \times RA_2 \times RA_3 \times \cdots \times RA_n$$
$$A(e) \in EA_1 \times EA_2 \times EA_3 \times \cdots \times EA_n$$
$$A(a) \in AA_1 \times AA_2 \times AA_3 \times \cdots \times AA_n$$
$$A(p) \in PA_1 \times PA_2 \times PA_3 \times \cdots \times PA_n$$
$$A(t) \in TA_1 \times TA_2 \times TA_3 \times \cdots \times TA_n$$

定义 3.10（策略规则）　由各属性元素及规则组成的函数，包括主体、客体、环境、动作、隐私及信任。

$$PolicyRule(s,r,e,o,p,t) \leftarrow f(A(s), A(r), A(e), A(o), A(p), A(t))$$

3.5.2　访问控制策略合成

在属性访问控制模型中，策略通常是由多条规则组成的，由模型定义可以看出，访问控制规则是由主体、客体、环境、资源、隐私及信任等属性组成的。云计算环境下由于存在多个不同的逻辑安全域，不同逻辑安全域之间对访问控制策略的定义可能有很大的不同，甚至存在互相矛盾冲突等，在实际应用中有必要对来自不同逻辑安全域策略中的属性值协商合成新的访问控制策略，因此跨逻辑安全域访问时实施访问策略合成是非常必要的。

具体策略合成步骤如下。

（1）假设存在两个逻辑安全域 A 和 B 分别存在一条访问控制策略 A 和访问控制策略 B。

（2）如果逻辑安全域 A 向 B 发起访问请求，则 B 首先提交策略合成请求。

（3）如果 B 提交的策略合成请求不成功则返回。

（4）如果成功，则判断访问控制策略 A 和 B 的一致性。如果二者的访问控制策略一致，则进入相应的合并算子进行合成，生成新的策略 C；否则如果 A 和 B 的访问控制策略不相一致，则需要进行属性协商。

（5）A 和 B 根据有冲突的属性及其属性值协商具体策略，如果协商成功，则转步骤（6），否则判定为协商失败返回初始状态。

(6)根据属性值计算得到合成后的策略 C。

(7)策略合成结束,返回初始状态。

云计算环境下属性访问控制的策略合成流程图如图 3.6 所示。

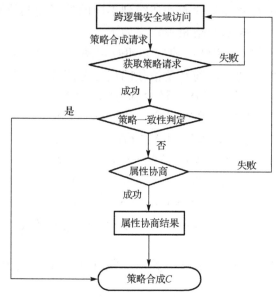

图 3.6　策略合成流程图

具体算法伪代码如图 3.7 所示。

```
PolicyCombining(Policy[])
  Input: 待合并策略 policy
1. {//策略判定
2.  If policyresult=false then return
3.   else
4.   for(i=1; i<=n; i++)
5.    {
6.      for(j=1; j<=n; j++){
7.         if policy[i]==policy[j] then
8.          Return policy[i] or policy[j]
9.           else
10. Combining Algorithm=consult(policy[1], Policy[2],
       Policy[3], …, Policy[n])
11. Result=Combining Algorithm(Policy[1], Policy[2],
       Policy[3], …, Policy[n])//合并策略结果
12.            }
13.      }
14. return result; //返回策略合并结果
    }
```

图 3.7　策略合成伪代码

3.5.3　策略合成算子

定义 3.11（策略属性条件约束）

$$(s,r,e,a,p,t) = \{< \mathrm{Savp}_1, \mathrm{Savp}_2, \cdots, \mathrm{Savp}_n >, < \mathrm{Pavp}_1, \mathrm{Pavp}_2, \cdots, \mathrm{Pavp}_n >,$$
$$< \mathrm{Eavp}_1, \mathrm{Eavp}_2, \cdots, \mathrm{Eavp}_n >, < \mathrm{Tavp}_1, \mathrm{Tavp}_2, \cdots, \mathrm{Tavp}_n >,$$
$$< \mathrm{Ravp}_1, \mathrm{Ravp}_2, \cdots, \mathrm{Ravp}_n >, < \mathrm{Aavp}_1, \mathrm{Aavp}_2, \cdots, \mathrm{Aavp}_n >\}$$

其中，s 是主体属性项；p 是主客体隐私属性项；e 是环境属性项；t 是主客体信任属性项；r 是资源属性项；a 是针对资源的动作属性。

定义 3.12（属性条件约束集合）　假设策略 P 是一个属性条件约束集合，如果策略属性条件约束 (s,r,e,a,p,t) 满足某策略 P，则有 $(s,r,e,a,p,t) \triangleright P$，否则 $(s,r,e,a,p,t) \triangleright\!\mid P$。

定义 3.13（$\oplus$ 算子）

$$P_1 \oplus P_2 \stackrel{\mathrm{def}}{=\!=} \{(s,r,e,a,p,t) \mid (s,r,e,a,p,t) \triangleright P_1 \lor (s,r,e,a,p,t) \triangleright P_2$$

$P_1 \oplus P_2$ 表示某请求被策略 P_1 或 P_2 同意。

定义 3.14（$\otimes$ 算子）

$$P_1 \otimes P_2 \stackrel{\mathrm{def}}{=\!=} \{(s,r,e,a,p,t) \mid (s,r,e,a,p,t) \triangleright P_1 \land (s,r,e,a,p,t) \triangleright P_2$$

$P_1 \otimes P_2$ 表示某请求被策略 P_1 和 P_2 同时同意。

定义 3.15（$\ominus$ 算子）

$$P_1 \ominus P_2 \stackrel{\mathrm{def}}{=\!=} \{(s,r,e,a,p,t) \mid (s,r,e,a,p,t) \triangleright P_1 \land (s,r,e,a,p,t) \triangleright\!\mid P_2$$

$P_1 \ominus P_2$ 表示某请求被策略 P_1 同意但被 P_2 拒绝。

定义 3.16（相容策略）　对于逻辑安全域 A 和 B 存在访问策略 P_1 和 P_2，如果 P_1 和 P_2 的所有策略属性条件约束均相容，则称 P_1 和 P_2 是相容策略。

在实际云计算环境中，各个不同逻辑安全域的策略不一定都是相容的，即使在同一个逻辑安全域内也有可能存在不相容的情况，在云计算环境中策略合成要求既能合成相容策略，又能合成不相容策略，不相容策略的合成，传统策略合成缺乏相应支持，因此对不相容策略的合成，需要扩展引入新算子以在不同逻辑安全域上进行属性条件约束计算。

下面以一个例子说明策略合成过程。

假设存在两个不同安全域的本地策略 $P_1 P_2$，它们分别同意用户 A 和 B 从它们的安全域内访问云资源或云服务，以此为例说明访问控制策略合成过程。假设存在两个安全域分别是 SecD1 和 SecD2，它们各自安全域设定的访问控制策略如下。

SecD1：岗位级别大于 3 且信任度不低于 0.7 的用户，可在 2013 年 1 月 1 日前对安全级别不高于 2 的客体资源进行写操作。

SecD2：岗位级别大于 5 且信任度不低于 0.9 的用户，可在 2013 年 1 月 1 日前对安全级别不高于 5 的客体资源进行写操作。各安全域形式化描述为

$$\text{SecD1}: P_1 = \{[<\text{Savp}_{11}, \text{Savp}_{12}>, <\text{Ravp}_{11}>, <\text{Aavp}_{11}>, <\text{Tavp}_{11}>]|$$
$$\text{Savp}_{11} > 3, \text{Tavp}_{11} > 0.7, \text{Ravp}_{11} < 2, \text{Eavp}_{11} < 20130101, \text{Aavp}_{11} = \text{write}\}$$

$$\text{SecD2}: P_2 = \{[<\text{Savp}_{21}, \text{Savp}_{22}>, <\text{Ravp}_{21}>, <\text{Aavp}_{21}>, <\text{Tavp}_{21}>]|$$
$$\text{Savp}_{21} > 5, \text{Tavp}_{22} > 0.9, \text{Ravp}_{21} < 5, \text{Eavp}_{21} < 20130101, \text{Aavp}_{21} = \text{write}\}$$

策略合成过程为

$$P_1 \oplus P_2 = \{[<\text{Savp}_1, \text{Savp}_2>, <\text{Ravp}_1>, <\text{Aavp}_1>, <\text{Tavp}_1>]|$$
$$\text{Savp}_1 > 3, \text{Tavp}_2 > 0.7, \text{Ravp}_1 < 5, \text{Eavp}_1 < 20130101, \text{Aavp}_1 = \text{write}\}$$

$P_1 \oplus P_2$ 表示如果一方允许访问，则另一方也允许。

$$P_1 \otimes P_2 = \{[<\text{Savp}_1, \text{Savp}_2>, <\text{Ravp}_1>, <\text{Aavp}_1>, <\text{Tavp}_1>]|$$
$$\text{Savp}_1 > 5, \text{Tavp}_2 > 0.9, \text{Ravp}_1 < 2, \text{Eavp}_1 < 20130101, \text{Aavp}_1 = \text{write}\}$$

$P_1 \otimes P_2$ 表示同时满足双方的安全策略，访问才被允许。

$$P_1 \ominus P_2 = \{[<\text{Savp}_1, \text{Savp}_2>, <\text{Ravp}_1>, <\text{Aavp}_1>, <\text{Tavp}_1>]|$$
$$3 < \text{Savp}_1 < 5, 0.7 < \text{Tavp}_2 > 0.9, \text{FAULT}, \text{Eavp}_1 < 20130101, \text{Aavp}_1 = \text{write}\}$$

$P_1 \ominus P_2$ 表示空策略，即任何访问都不允许通过。

对于云计算环境中的策略合成要求，本章中将信任和隐私这两个元素加入控制策略之中，访问控制策略由之前的主体、资源、环境和授权动作进行了扩展，变成主体、资源、动作、环境、隐私和信任，这些均为细粒度属性访问控制的授权基础。该扩展模型中，信任和隐私这两个基本元素对不同的访问控制安全域具有不同的属性值域，在不同的属性值域中主客体所包含隐私和信任属性值不同。信任和隐私元素属性的引入使云计算中的访问控制策略更加细化，能够更好地满足细粒度访问控制要求，同时增加了属性访问控制的安全保障，因此对云计算中属性元素进行扩充是非常有必要的。

3.5.4　访问控制策略评估与判定

策略评估是为判断访问控制策略是否满足一个特定的资源访问请求，因此需要计算并判断属性访问控制策略逻辑表达式的真值。

定义 3.17（属性访问控制策略）

Policy ← (Target, Combing, Algorithm, Rule) 即一条策略由目标、合并算法和规则组成。其中 Target 由 Subject、Resource、Environment、Action、Trust、Privacy 六种属性元素组成，即

$$\text{Target} \leftarrow (\text{Subject, Resource, Environment, Action, Trust, Privacy})$$

策略判定点对由这六种元素或其组合构成的属性访问请求进行匹配，如果匹配成功，则说明该 Policy 能适用于此属性访问请求。

$\text{PR} = \text{Result} \leftarrow (\text{SP, TP, PP, RP, EP, AP})$，Result 是策略判定结果，并且 $\text{Result} \in (\text{permit, unknown, not\_app, deny})$。

策略集合 $\text{PR} = \{\text{pr}_1, \text{pr}_2, \cdots, \text{pr}_n\}$。

策略合并算法：合并策略规则判定结果。

访问控制策略规则描述采用基于 XACML 来描述，如图 3.8 所示。

```
<Policy /*策略描述*/
PolicyId="…"/*策略描述*/
RuleCombiningAlgId="…"/*合并算法*/
<Target>
<Subjects>
<Subject>/*主体属性*/
<SubjectMatch MatchId="…">
        <Attributevalue DataType="…">…<AttributeValue>
<SubjectAttributeDesignator Data Type="…
"AttributeId="…"/>
</SubjectMatch>
</Subject>
</Subjects>
<Resources>…</Resources>/*资源属性*/
<Actions>…</Actions>/*动作属性*/
<Trust>…</Trust>/*信任属性*/
<Privacy>…</Privacy>/*隐私属性*/
<Target>
<Rule RuleId="…" Effect="permit/deny">/*规则描述*/
<Target>
<Subjects>…</Subjects>
<Resources>…</Resources>
<Actions>…</Actions>
<Target>
<Condition FunctionId"…">/*授权约束*/
<Apply FunctionId"…">
<SubjectAttributeDesignator Data Type="…"
AttributeId="…"Issuer="…"/>
</Apply>
<AttributeValue DataType="…">…</AttributeValue>
</Condition>
</Rule>
…
<Rule RuleId="…" Effect="…"/>/*策略规则*/
…
</Policy>
```

图 3.8　策略规则的 XACML 描述

定义 3.18（访问控制策略评估）　 对于给定的一个访问控制策略 AP = Result ← (Savp, Ravp, Eavp, Aavp, Tavp, Pavp)和用户请求 Req =< S, R, E, A, T, P >，对 AP 的评估是在给定属性访问请求和关联属性约束下的映射函数，即 APE：AP ← {permit, unknown, not-app, deny}。

若某访问控制策略规则中的条件和谓词均能达到要求，则该访问控制策略评估结果为 True，并执行 APE 中对应的访问控制动作。其中 permit 表示策略评估结果允许请求通过；unkown 表示访问请求不适用本策略评估；not-app 表示提供的属性信息不足或不满足，无法做出判断；deny 表示策略评估结果拒绝请求通过。

定义 3.19（属性谓词评估）　 给定属性名值对和属性谓词对，即 avp ← (attr = value)和 apvp ← (attr ∝ value)，则 apvp 对 avp 的评估结果为真，需满足的条件是二者的属性名相同且 avp 的取值属于 apvp 所限定的范围之内：

$$\|apvp\|_{avp} = (avp.attr = apvp.attr) \wedge (avp.val \propto apvp.val)$$

给定属性名值对集合 avp = {$avp_1, avp_2, \cdots, avp_n$} 和属性谓词对集合 apvp = {$apvp_1 \wedge apvp_2 \wedge \cdots \wedge apvp_n$}，则 APVP 对 AVP 的评估结果为真，需满足的条件是：对于任意的 apvp ∈ APVP，要满足 $\|apvp\|_{avp}$ 为真，则

$$\|apvp\|_{avp} = \|apvp_1\|_{avp} \wedge \|apvp_2\|_{avp} \wedge \cdots \wedge \|apvp_n\|_{avp}$$

定义 3.20（访问控制策略冲突）　 在访问控制策略评估中，如果存在两个访问控制策略 Ap_1 和 Ap_2，当且仅当 Permit(Ap_1)和 Deny(Ap_2)的评估结果同时为真时，则称当前访问控制策略 Ap_1 与 Ap_2 冲突。

如果有 {$Ap_1, Ap_2, Ap_3, \cdots, Ap_n$} ∈ P 在访问控制策略评估中存在冲突，则称 P 为当前访问控制策略评估结果冲突集合。如果访问控制策略存在冲突，则需要设定冲突优先级：若冲突时 Permit 优先，则允许访问控制请求通过；否则，如果 Deny 优先，则拒绝访问控制请求通过；若未定义冲突优先级，则缺省设定拒绝访问控制请求通过。

定义 3.21（访问控制策略判定）　 对于访问控制策略集合 P 和访问控制请求 Req，先评估访问控制策略集 P，再对策略集合 P 和 Req 实施策略评估 APE(Req,P)，以判定访问控制策略集合 P 是否满足访问请求 Req，满足则返回 permit 或 deny。如果策略集合 P 不适用判定 Req 则返回 not-app。

策略集、策略评估及策略判定过程如图 3.9 所示。

```
APSE(P){//访问控制策略集评估
Input: 策略集 P
1. for each p in P
2.   result= A PE(p)
3.    if result = permit then
4.      AddPermit(p)  // 将策略 p 的规则头加入 Permit
5.       Else if result = deny then
6.         AddDeny(p)  // 将策略 p 的规则头加入 Deny
7.          Else if result=undefine then
8. Add Undefin(p)    // 将策略 p 加入 Undefine
9.        }


APE(Req(s,r,e,a,t,p), Target(S, R, E, A, T, P))
Input: req, target
1. {//策略评估

2. if(s.attr∈S && r.attr∈R && e.attr∈E && a.attr∈A
      &&t.attr∈T && p.attr∈P)
3.    {
4.      APDecision(); //策略判定
5.    }
6.     else
7.    return not-app;  //此条策略不适合判定此请求
8.  }


APDecision(Req(s,r,e,a,t,p), Rule[])
Input: req, rule
1. {//策略判定
2. for(i=1; i<=Rule.length, i++)
3.   {
4.      if(Rule[i].apvp.attr==Req.avp.attr
          &&Req.avp.value∝Rule[i].apvp.value)
5.    {
6.      Result[i]=Rule[i].Sign;
7.    }
8.  }
9. Policy Combining(Result[], Policy CombiningAlgorithm)=
   result;          //合并规则集的判定结果
10. return result; //返回策略判定结果
}
```

图 3.9　策略评估与判定过程

3.6　跨逻辑安全域访问

3.6.1　跨多安全域访问决策

　　云计算环境下的用户除了对本地安全域的访问外，通常还存在多个拥有不同管理权限和访问控制体系的逻辑安全域，而云用户也需要跨不同逻辑安全域访问云资源及服务，而跨安全域进行云服务访问时，相应的主客体信任计算、判定、更新及隐私管理等需要域间 AAC 与本地 AAC 协同实现。

　　结合 XACML 规范的跨多逻辑安全域访问决策结构模型，如图 3.10 所示。

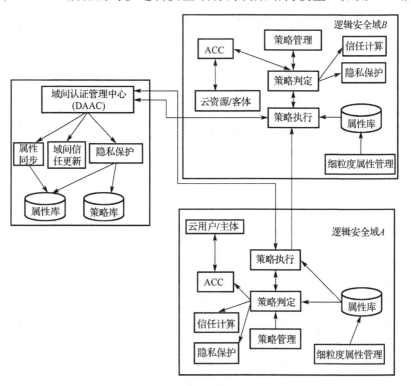

图 3.10　跨多安全域访问决策

　　假设存在两个逻辑安全域 A 和 B，分别存在云用户 A 和云资源 B，则跨逻辑安全域访问决策基本过程如下。

　　(1)逻辑安全域 A 中某用户 A 要跨逻辑安全域访问 B，首先要通过各自域的认证授权中心(authentication authority center，AAC)进行身份鉴别与安全认证，然后发出访问控制请求。

（2）该访问控制请求被 A 安全域的策略执行点 PEP 截获，PEP 将请求发给 PDP 计算访问目标 B 的信任度，并判断 A 是否具备访问 B 安全域的权限。

（3）A 域中的策略执行点 PEP 还要将请求发给第三方域间管理中心，判断 A 安全域和 B 安全域的信任关系，判断访问是否允许，如果允许则将决策结果发送到 A 域策略执行点执行，并给 A 发放证书。

（4）如果允许 A 域用户访问 B 域，则 A 域策略执行点将跨逻辑安全域访问请求、安全证书、信任度、相关环境信息等发给 B 安全域。

（5）B 安全域 PEP 收到上述相关信息后，B 域首先需要检测访问请求的主体安全证书，对主体属性的变更情况进行确认，若有变更则更新 B 安全域中对应的主体属性。

（6）如果主体属性没有发生变化，则访问请求交由 B 域的策略判定点 PDP，由 PDP 对来自 A 域的访问请求中访问控制策略和 B 域的本地访问控制策略进行相容性检测，如果相容，则按二者的访问控制策略执行。如果不相容，则还需要进行策略合并。

（7）B 域中策略判定点 PDP 计算 A 域中 A 用户的信任度。

（8）域中策略判定点 PDP 评估 A 用户（主体）和 B 资源（客体）之间的访问目的兼容性来保证主客体隐私。

（9）B 域中策略判定点 PDP 将上述综合评估和决策结果交由 B 域策略执行点来执行，并将结果反馈给资源 B。

（10）资源 B 将最终授权结果返回给用户 A，如果请求被允许，则 A 允许使用资源 B，如果不被允许，则 B 会拒绝 A 的请求。

（11）A 对资源 B 的服务进行评价，将结果发送给 A 域的 AAC，PEP 再发送给第三方域间管理中心。

（12）资源 B 对用户 A 进行评价，将结果发送给 B 域的 AAC，PEP 再发送给第三方域间管理中心。

（13）第三方域间管理中心根据从 A、B 安全域所提供的评价值，计算并更新 A、B 域之间的相互信任度。

3.6.2　跨多安全域访问属性同步

云计算环境下各逻辑安全域内的用户属性和资源访问请求的授权管理都是动态的，如果要做到准确的策略评估和判定，则需要及时更新各逻辑安全域属性库中的属性表，保持属性表在各需要互访的逻辑安全域的同步。在属性表同步过程中可能存在冲突问题，当一个操作正更新某主体的属性表时，另一个操作要调用该属性，因此产生冲突。针对此问题，借鉴操作系统中的 P/V 操作机制，避免跨逻辑安全域属性更新同步中的冲突问题，具体过程如下。

假设存在两个逻辑安全域 A 和 B，则有以下几点。

(1) 对于属性库中的任何一个属性设置一个信号量。

(2) A 域中的主体 A 发出一条访问请求给 B 域，B 安全域的策略执行点对主体 A 的属性变更情况进行检查，如有变更则进行属性同步。

(3) B 的策略执行机构 PEP 执行信号量 P 操作，更新属性库中的主体 A 对应的属性表。

(4) 主体 A 的属性表更新完毕，执行信号量 V 操作释放主体 A 的属性表，其他调用该属性表的请求可以执行。

(5) 将 B 域中属性更新同步结果通知 A 域。

3.7 本地安全域内访问控制决策

本地安全域中的访问控制由 AAC 负责，在本地安全域中访问控制决策由下列模块组成。

(1) 策略执行点 (PEP)，负责获取访问控制请求，并将请求转换为属性访问控制请求 AAR 和 PDP 交互。

(2) 策略判定点 (PDP)，PDP 负责访问决策，包括策略一致性判断、策略合并、信任和隐私保护部分计算与判断。

(3) 策略信息点 (PIP)，负责为 PDP 提供所需的属性等相关信息。

(4) 策略管理点 (PAP)，负责为 PDP 提供决策策略。

在本地安全域中云用户要请求访问云资源或云服务，访问控制决策最重要的一点是必须确保云用户的信任度达到访问要求的阈值，同时云用户的访问目的可能属于隐私信息，这个隐私信息和云资源之间要保持兼容性才允许访问。云计算环境下基于属性的本地安全域访问决策模型如图 3.11 所示。

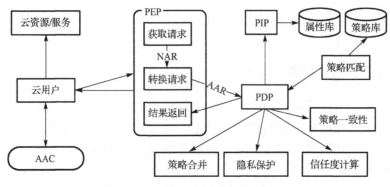

图 3.11 本地安全域访问控制决策

本地安全域访问控制过程如下。

(1)云用户要访问本地安全域内的云资源，首先通过各本安全域内的 AAC 进行身份鉴别与安全认证，获取自身的属性证书。

(2)云用户将自身属性证书和访问请求 Req(s, r, e, a, p, t)送到本地安全域访问决策模块。

(3)本地安全域访问决策模块中，PEP 模块接收原始访问控制请求后，根据原始访问请求内容，PEP 将请求发给 PDP 计算访问的云资源信任度，并判断云用户是否具备访问云资源的信任阈值。

(4)PDP 评估云用户和云资源之间的访问目的隐私兼容性来保证云用户和云资源的隐私。

(5)PDP 将信任判定结果与隐私判定结果返回给 PEP，然后 PEP 将该请求转换为属性访问控制请求(AAR)，此时的 AAR 是由主体、资源、动作、环境、信任和隐私等属性值构成的。

(6)PEP 将 AAR 属性访问请求发给 PDP，PDP 根据 AAR 的内容向 PAP 发送访问控制策略集查询请求，以查询相应的判定策略。

(7)PAP 根据 AAR 查找匹配访问该云资源的策略集，如果查到，则由 PDP 根据该策略集进行判定；如果查不到，则返回无法识别该策略集，即返回值为not-app。

(8)PDP 对策略集中包含多条规则的策略进行一致性检测，如果相容则直接采用相应的策略合并算法合并策略决策结果，否则，需要执行策略冲突合并算法，生成最终的策略决策判定结果。

(9)PDP 将 AAR 的判定结果返回给 PEP，由 PEP 返回给云用户。

(10)云用户根据判定结果，执行访问或拒绝访问云资源或云服务。

(11)云用户对云资源进行信任度评价，并将评价结果发送给 AAC 并由 AAC 更新云用户对云资源的信任度。

(12)云资源对云用户也进行信任度评价，并将评价结果反馈给 AAC 并由 AAC 更新云资源对云用户信任度。

(13)本地安全域内访问控制决策完成。

3.8　仿真实验及结果分析

CloudSim[9]是澳大利亚墨尔本大学领导开发的一个开源云计算仿真平台，它支持数据中心、资源、服务代理、用户、调度分配等方面的仿真，在本章中我们通过扩展 CloudSim 模块，加入属性访问控制策略和信任计算等模块，建立云资源访问模拟仿真平台，在该平台上模拟设置三个数据资源中心，它们分别属于三个不同的逻辑安全域，设立域间信任管理中心，这些不同的逻辑安全域被命名为LS1、LS2 和 LS3，如图 3.12 所示。

分别在这三个逻辑安全域上建立仿真用户和云服务节点及资源，并模拟设置部分恶意服务资源，其中用户包括数据拥有者和终端云用户，不同的数据拥有者在不同的逻辑安全域上设置不同的资源和对其属性进行细粒度定义，并制定访问控制策略集，授权满足相应属性及其属性组合约束条件的云用户访问相应资源。

仿真实验设置如下：针对不同逻辑安全域，根据系统对用户的访问控制要求共模拟编写了 1000 条策略，其中每条策略可能包含一条至上千条规则不等，以验证 CC-TPFGABAC 模型的正确性、细粒度访问决策、可扩展性和效率，同时对有信任计算的访问控制决策时间以及有恶意服务节点情况下的访问交易成功率等进行了实验分析。

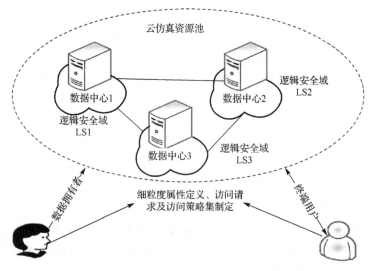

图 3.12　实验仿真平台

实验 1　细粒度访问控制

访问控制策略复杂度越高，说明访问控制粒度越细。访问控制复杂度与一条策略中包含的属性谓词值对的个数有关，策略中包含的属性谓词值对越多，则此条策略的复杂度越高。将本章模型和基本 ABAC 模型进行对比实验，在实验中针对两种模型分别选择 1000 条不同策略复杂度的访问控制策略,每条策略含有从几个到上千个不等的属性谓词值对，分别对不同数量的策略规则条数进行实验并记录它们的时间消耗。ABAC 模型和本章模型的策略规则条数与平均决策时间消耗的关系如图 3.13 所示。

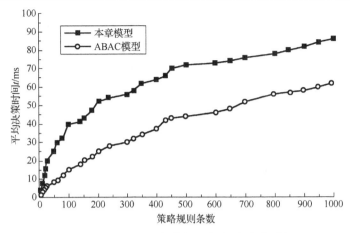

图 3.13　策略规则条数与平均策略决策时间

图 3.13 说明随着策略复杂度的增大，控制粒度更加精细，对本章模型则在初期有一个平均策略决策时间快速增加的过程，说明本章模型通过少量的策略能够描述更多、更丰富的访问控制要求，时间也随着快速增加。对 ABAC 模型来说，策略决策时间随策略规则缓慢增长，并趋于平缓。ABAC 模型虽然用时较少，但同样的规则数没有本章模型表达的含义丰富。

实验 2　有信任计算的本地安全域及跨逻辑安全域访问决策

在本地安全域访问控制决策和跨逻辑安全域访问控制决策的实验测试中，本章随机选取了这两种类型的访问控制请求各 1000 条，针对每条访问控制请求和策略判定的规则数 m，并模拟加入信任计算时间，记录其在策略判定时的策略决策时间，并对每条请求重复 3 次实验以计算其平均决策时间。图 3.14 为上述两种访问控制类型在有信任计算和不同策略复杂度下与策略决策时的平均决策时间关系图。

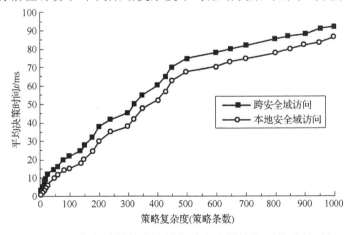

图 3.14　有信任计算的本地域与跨安全域访问平均决策时间

　　图 3.14 表明无论本地安全域还是跨逻辑安全域访问请求，其策略判定的平均决策时间都随访问控制策略规则数的增加而缓慢上升，跨逻辑安全域访问平均决策时间相对更长，但都与相同策略规则数的本地安全域访问平均决策时间差距不大，表明该模型具有较好的可扩展性，提高了决策效率，信任计算也没有大大增加总的访问决策时间。

　　实验 3　服务访问请求成功率

　　本仿真针对无恶意资源或服务、有恶意资源或服务攻击两种模式下，对访问成功率在本地安全域访问和跨安全域访问两种访问方式下进行了比较分析。仿真实验环境设定如下：仿真节点数为 3000 个，恶意节点仿真设定比例为 10%～60%不等，其他仿真相关参数由 CloudSim 系统自动产生。实验结果如图 3.15 和图 3.16所示。

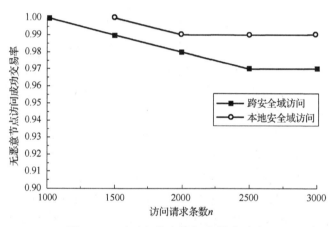

图 3.15　无恶意节点访问交易成功率

　　从图 3.15 中可以看出：在无恶意节点攻击的情况下，无论本地安全域还是跨逻辑安全域访问请求，随着访问请求条数的大量增加，访问成功交易率有所下降，但总体访问成功交易率均在 97%以上，失败的访问交易主要原因是部分节点出于隐私保护的目的，没有允许主体访问，还有一个原因就是部分策略中的规则有所冲突。总体来说，实验结果验证了 CC-TPFGABAC 模型正确性。

　　从图 3.16 中可以看出，随着恶意节点数量不断扩大，服务访问成功率则迅速下降，该实验结果说明 CC-TPFGABAC 模型在计算节点的信任度时已经考虑了这些可能存在恶意虚假节点，通过对每个节点资源或服务信誉度的不断更新，恶意节点信誉度会不断降低，实际上是对节点或服务可信程度的反映，让用户与资源或服务之间交互更加安全可靠，有利于用户更好地选择服务或资源，尽量减少危害安全的交易，导致访问交易成功率显著下降。

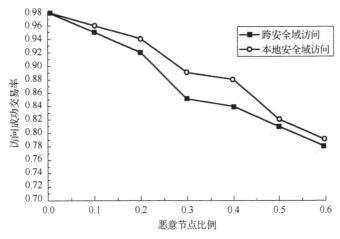

图 3.16　有恶意节点访问交易成功率

实验 4　不同模型准确性对比实验

文献[8]和[10]分别提出了云计算环境下基于角色的访问控制模型，即 IRABC 2000 模型和 CARBAC 模型，这两种模型在跨域访问时需要提高角色映射成功率，错误角色映射会导致权限授予不准确，出现要么用户权限过高，要么用户权限不足等问题。本章提出的云计算环境下的 CC-TPFGABAC 模型在跨域访问时，也存在访问控制授权策略冲突的问题，通过设置以下实验环境，比较云计算环境下三种不同访问控制模型的准确性：角色或属性策略数目分别设置为 50、55、60、65、70、75、80、85、90、95、100，用可处理角色冲突或者访问授权策略冲突的百分比来表示准确性，该值越大，说明算法的准确性越高；反之，算法的准确性越低，仿真模拟实验结果如图 3.17 所示。从图中可以发现，随着属性访问控制策略或角色数目的增加，三种模型所对应的准确性都有所下降，但是本章所提出模型的准确率始终高于其他两种模型的准确率。

实验 5　不同模型效率对比实验

随着云计算环境下属性或角色数目不断增加，跨域访问时的访问授权策略或角色映射操作也不断增加，而随之带来的访问授权策略冲突或角色冲突问题也会更频繁。仿真实验环境设置如下：在云计算环境下，分别设置 100、300、500、700、900 个属性访问控制策略或角色，观察三种模型在处理访问控制策略冲突和角色冲突问题上的快慢。仿真实验结果如图 3.18 所示，从图中可以看出，随着属性访问控制策略或角色数目的增多，三种模型的处理时间都逐渐增加，但是本章模型所用的时间始终比其他两种模型所用的时间短，所以从效率方面来说，本章提出的模型在处理访问控制策略冲突上效率更高。

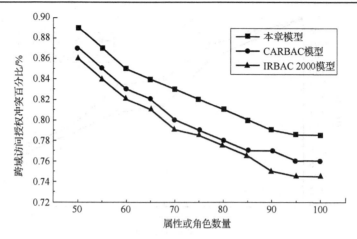

图 3.17 不同模型准确性对比实验

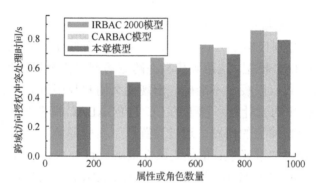

图 3.18 不同模型效率对比实验

3.9 一种基于属性标签的跨域访问方法

SaaS 模式中租户与服务商之间一直存在信任问题，将服务商与租户分开管理，借助标签跨域访问则存在效率瓶颈和标签安全的问题。利用属性特征结合标签，设计出一个针对多租户跨域访问的方法，将标签根据属性分类管理，再把跨域访问的权限赋予各属性标签，实现平台内通过属性标签的跨域访问。同时针对关键信息属性标签，提出适用于属性标签的 *l*-多样性微聚集算法，该算法结合 *l*-多样性原则，有效地避免了背景知识等攻击，且更适用于属性标签的单敏感性。最后，通过实验和分析验证了该属性标签保护方法的高效性和属性标签 *l*-多样性微聚集算法的安全性。

3.9.1　属性标签跨域访问控制

1．属性标签描述

1）客体管理层属性标签

通过属性标签的跨域访问，根据需求将租户内部的管理人员，按照规则（如地域、部门、访问类型等）对企业进行划分，根据这些信息构造由很多树构成的标签森林，每个树称为属性标签树（attribute security tag tree，ASTT），树上的每个节点即代表这个公司内部的一个可控的属性标签，如图 3.19 所示。

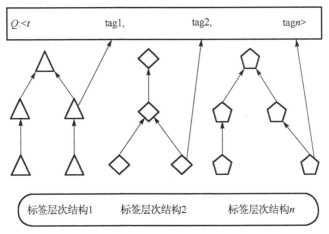

图 3.19　客体属性标签树图

2）主体租户属性标签

访问者的属性标签是通过其具有的角色获取的，即主体通过其具有的角色获取相应的属性标签。租户企业的所有角色以角色森林的方式表示，为满足每个公司各自的安全需求，则每个公司在使用服务前都需要各自建立自己的角色森林。其中每个角色都会有相应的属性标签进行标注，表示其在系统中的职责，如图 3.20所示。

3）属性标签表

赋予管理层和租户的属性标签 AT 形成一个个属性标签表，并结合租户和管理层的协商意见为其制定一个安全等级，如表 3.1 所示。

属性标签树数据存储，对标签集合采用键值对集合的方式进行存储。<key,value>中，key 表示是哪一棵标签树，而 value 则表示在该安全树上所具有的属性标签，如表 3.2 所示。

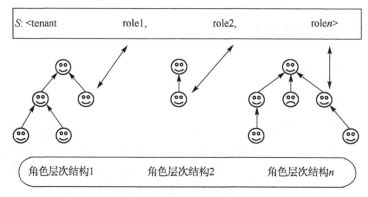

图 3.20　主体属性标签树图

表 3.1　职能标签表

职能 1	职能 2	职能 3
职能标签 a	职能标签 b	职能标签 c
等级 a	等级 a	等级 b

表 3.2　属性标签表

key	T1	T2	T3	...	Tn
value	Tag1	Tag2	Tag3	...	Tagn

然后通过 l-多样性微聚集算法进行匿名保护。

2．属性标签跨域访问流程

该流程与之前的 RBAC 流程有一些不同，因为租户的访问控制模型结合了角色及属性标签。用户的访问控制时序图如图 3.21 所示。

用户访问 SaaS 是通过 SaaS 提供商提供的访问接口。SaaS 控制平台根据用户给予的用户名及密码获取相应的租户信息，并对其身份进行验证。验证通过后，返回给用户相应的验证通过信息，之后用户便开始对服务进行访问。首先，SaaS 控制平台对用户持有的验证信息进行验证，通过后，根据其所属租户信息确定其所具有的角色及其需要访问的资源，最后通过各自具有的属性标签获得访问控制的结果。

1）流程元素形式化表示

TA（tags of tenant A）表示租户 A 的标签。

主体标签描述为 S：（tenant，RS）或（tenant，role1，role2，…，rolen），其中 RS（role set）表示该用户所具有的角色集。

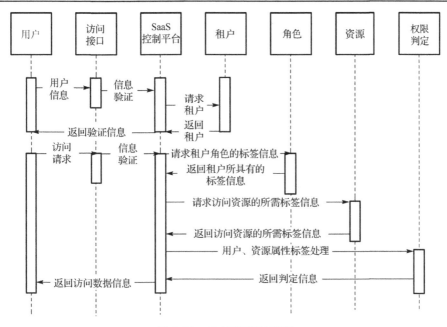

图 3.21　访问控制时序图

客体标签描述为 O：(tenant, STS) 或 (tenant, tag1, tag2, …, tag$n$)，其中 STS (security tag set) 表示标签集。

关系 R 的每一个属性都可以通过用属性标签标注的方式来达到安全访问的效果，可用 ((A1, STa1), …, (An, STan))，(ST1, …, STm) 表示。

属性标签的控制规则可以表示为：(T, ATS, STS, R, Q)。

ASTA 表示对属性进行标注的标签集合，可用 ASTS(x) 表示。当 x 为客体属性时，表示该客体所具有的属性标签合集，当 x 为主体时，如用户，表示该主体所具有的属性标签，当 x 为租户时，表示该租户授予当前租户的属性标签及其子标签的集合，同时为区分租户授予的传递标签与非传递标签，将租户授予的非传递安全标签用 $\overline{\text{ASTS}}(t)$ 表示。

ESTS 表示用户所具有的所有标签的集合，包括本租户的及其他租户授权绑定的，ESTS(U) = STS(U) $\cup$ ($\cup_1^m$(STS(t_i) $\cup \overline{\text{STS}}(t_i)$)) 表示，其中 m 表示授权租户的个数。ESTS(U) 由三部分的并集组成。

(1) 用户 u 所属租户分配给他的标签及其子标签，用 STS(u) 表示。

(2) 其他租户授权给他的传递标签及其子标签，用 STS(t) 表示。

(3) 其他租户授权给他的非传递标签，用 $\overline{\text{STS}}(t)$ 表示。

2) 形式化访问流程

假设此时租户 T 有用户 U，其提交的访问语句如下：

```
Select aq1, aq2, ···, aqn
From Rq1, Rq2, ···, Rqm
Where Qq
```

当 T 对 $\mathrm{Rq}i$ 所进行的系统标注都为属性,即 $\mathrm{Rq}i$ 的客体属性标签为 $(T, \mathrm{STSq}i, \mathrm{Rq}i, \mathrm{ATSq}i, \mathrm{Qq}i)$,则当 $\mathrm{ATS(aq}i) \subset \mathrm{STS}(U)$ 时,该用户可以对 $\mathrm{aq}i$ 进行该访问。对此访问语句进行转换,需要利用系统中已然制定好的规则。

当规则的前提是:

(1) 关系 R 的属性集的子集 $A = (a_1, a_2, \cdots, a_m)$ 是 $\mathrm{aq} = (\mathrm{aq1, aq2, \cdots, aqn})$ 的子集;

(2) $U_1^m \mathrm{ASTS}(a_i) \subseteq \mathrm{STS}(U)$;

则租户 T 的相关规则为: $r_i = (T, \mathrm{ASTS}, \mathrm{STS}, R, Q)(1 \leqslant i \leqslant k)$,有 k 条规则是该语句涉及的,可用 $\mathrm{Rule}(T, \mathrm{query})$ 表示,其代表 T 租户在 query 语句中涉及的规则集。此时:

(1) 记 $\mathrm{Rq} = (\mathrm{Rq1, Rq2, \cdots, Rq}m)$, $R_r = U_1^k R(r_i)$,其中 $R(r_i)$ 表示规则 r_i 中涉及的关系。

(2) 记 $Q_r = U_1^k Q(r_i)$,其中 $Q(r_i)$ 表示规则 r_i 中涉及的约束条件。那么,访问语句可以转变为如下语句:

```
Select aq1, aq2, ···, aqn
From Rq∩Rr
Where Qq∩Qr
```

这样对租户 T,其访问语句转换依然完成,其要访问的其他租户的数据的语句转换同理,查询某一语句,转换后为一个语句集。可以表示为

$$Q(U) = \mathrm{Query}(T) \bigcup U_1^n \mathrm{Query}(T_i)$$

其中,用户所属租户的转换语句由 $\mathrm{Query}(T)$ 表示。 $U_1^n \mathrm{Query}(t_i)$ 表示该语句相对其他租户的语句转换集合。在语句转换完成后,由数据库处理提交的语句。

以上过程,通过主客体属性标签的对比匹配,实现属性标签基础上的跨域访问,更加方便和高效。接下来是对属性标签进行相应的保护。

3.9.2 基于属性标签的 l-多样性微聚集算法

本章模型中的属性标签是以属性标签表的形式存储在数据库中的,每当租户访问系统中的数据都要经过属性标签,所以属性标签的安全十分重要。针对属性标签表单属性、元组多、属性值[11]相似的特点,使用 l-多样性微聚集算法。此算法是在 MDAV 算法的基础上结合 l-多样性原则后更适合属性标签的保护算法。

假设一个属性标签表,属性为疾病,经过匿名化处理后,如表 3.3 所示。

表 3.3　属性标签等级表

患者	1	2	3
AT	ATa	ATb	ATc
等级	a	A	b

如果其中的疾病患者 1 的疾病属性标签被攻击者获取，则他可以根据患者 2 与患者 1 的等级相似来判断出患者 2 的属性标签所代表的疾病。这样患者 2 的属性标签遭到泄露。

如上是一种同质性攻击，除此还有背景知识攻击。所以针对这些，要将 l-多样性原则与 MDAV 算法相结合，来更大程度地保护属性标签的安全。

l-多样性原则基本定义如下。

定义 3.22(同质性攻击)　假如在匿名化后的数据表中，某个聚类内的所有敏感属性值基本相同，那么攻击者在取得匿名数据表之后，先通过把准标识属性与外表链接确定某个个体所在的等价类，然后就可以获取该个体的敏感信息。

定义 3.23(背景知识攻击)[12]　指攻击者通过自己的背景知识从匿名表中获得个体的敏感信息。

定义 3.24(l-多样性)　设等价类 G 中所有元组的敏感属性取值中出现最频繁的取值为 v，出现的次数为 $c(v)$，如果 $\dfrac{C(v)}{|G|} \leqslant \dfrac{1}{l}$ ($|G|$是 G 中的元组数)，那么称 G 满足 l-多样性[13]。结合 MDAV 算法与 l-多样性原则应用在属性标签表的算法如图 3.22 所示。

加入 l-多样性原则后的属性算法如图 3.23 所示。

3.9.3　实验结果与分析

实验采用数据集 census，实验平台配置为 Core i3 3.40GHz，内存 12GB，操作系统平台为 Windows10，编程环境为 Eclipse。

(1)其中属性 work_class，martial_status，occupation，relationship，native_country，hours_per_week，age 作为几组数据录入模型中。如本章介绍，各个属性数据被属性标签标记，然后将所有属性标签处理成连续型数据，形成一个个属性标签表。接下来针对 age 的属性标签访问通过实验进行验证，一个主要评定指标是 ALP 平均泄露概率[14]。

假设有一个经过 k-匿名化[15]的属性标签表，RT 为表中的属性值，RT 中属性值的总数为 Total(SA_i)，相似类的个数为 a，这些相似类中的记录数分别为 $a_1, a_2, \cdots,$ a_a，每个相似类包含的个数分别为 $x_1, x_2, \cdots, x_a$，那么该属性值的平均泄露概率为

$$\mathrm{ALP}_{\mathrm{SA}_i} = \left(x_i \times \frac{x_1}{a_1} + x_2 \times \frac{x_2}{a_2} + \cdots + x_a \times \frac{x_a}{a_a} \right) \div \mathrm{Total}(\mathrm{SA}_i),$$ 图 3.24 所示为比较常用的

MDAV 算法和本章算法应用于属性标签模型之后的信息平均泄露概率。实验中选取特定的属性 age 的两个值{30, 50}，计算 l={2, 4, 6, 8, 10}的情况下的属性标签平均泄露概率。

输入：原始标签表 T，敏感属性值单链表 mLink
输出：属性标签匿名表

```
1.
  table1=空的 Hash 表
  Table2=空的 Hash 表
  t_size=T 中剩余元素个数
2.
  (a)table 1=按照敏感属性值作为关键字，把 T 的参数放入表中；
      x=数据集中心点；
      r=距离 x 最远的记录；
      s=距离 r 最远的记录；
  (b)while 2*l>t_size do
      !      LinkList
              rList=取出 table1 中各关键字中离 r 最近
              的值，从 T 中取出该数据，再进行扩展；
      !!     LinkList
              sList=取出 table1 中各关键字中离 s 最近
              的值，从 T 中取出该数据，再进行扩展；
      !!!    将两个列表以 table2 不存在的关键字分别存入；
      end while
      if(t_size >=1)
      {
              将 T 中剩余元素以 table2 不存在的关键字存入；
      }else{

      }      把剩余元素加入距离各自最近的等价类，将等价类存入
              table2 中；将 table2 转化为表返回；
```

图 3.22　属性标签微聚集算法

输入：数据表 T，聚类 G
输出：聚类 g

```
1. list=聚类 G 中元素组成的单链表
2. if T 不为空
   x=聚类 G 的中心点；
   D_max=聚类 G 中离 x 最远的距离；
   D_min=T 中距离 x 最近的记录；
   If D_max 大于等于 D_min
        将 D_min 对应的元素加入 list，删除 T 中对应元素；
   end if
  end if
  将 slist 装换为聚类 g，返回；
```

图 3.23　属性标签的 l-多样性微聚集算法

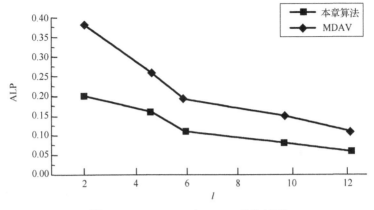

图 3.24　age = 30 时，ALP 变化情况

从图 3.25 中，我们可以看出随 l 的增大，属性标签平均泄露概率在不断减小。相对于常用的 MDAV 算法表现更好，因为根据 l-多样性原则，l 的增大使元组的敏感属性取值中出现最频繁的取值 v 相应减小，从而重要的属性标签被唯一区分的概率越小，更能抵抗同质性攻击和背景知识攻击。对于 l 越大，二者相近，因为相似类越大，属性标签数量也激增，则隐私数据信息不容易泄露。

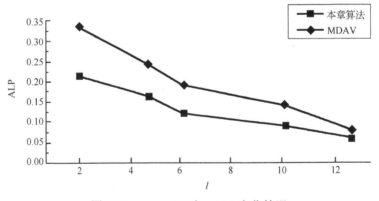

图 3.25　age = 50 时，ALP 变化情况

（2）属性标签效率分析。在效率实验中，通过逐渐增加模型标签数量后系统运行的时间开销，来验证标签模型加入属性管理后对效率的优化。

实验结果如图 3.26 所示，在开始时模型标签个数较少，属性标签模型时间开销较大，可能是在对属性标签的属性读取和分类管理上消耗了一定时间。当模型标签个数不断增加时，原标签模型因大量的标签数据，效率会越来越低。而属性标签管理的效率优越性逐渐体现出来，对于大量的标签数据，更系统化、规则化的属性标签模型展现出更快捷的运行效果。

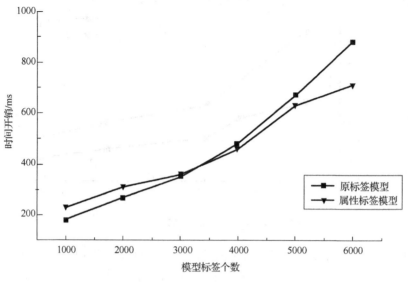

图 3.26　时间效率对比图

3.10　本　章　小　结

根据云计算环境下传统访问控制模型在细粒度授权、服务访问安全性和动态复杂性、主客体的隐私保护以及可扩展性等方面的不足，本章提出利用属性访问控制理论，并在现有属性访问控制模型的基础上增加信任与隐私两个重要属性，提出一种云计算环境下面向信任和隐私的细粒度属性访问控制(CC-TPFGABAC)模型，并详细描述该模型的框架结构、属性相关形式化定义、访问策略合成与评估方法、信任和隐私相关定义与引入等。对资源、环境、动作、隐私及信任等属性进行描述，同时也对云计算环境下跨逻辑安全域访问和本地安全域访问过程进行了详细描述。针对跨逻辑安全域访问的属性同步提出 P/V 操作机制，给出了策略评估与判定过程的核心算法。最后对 CC-TPFGABAC 模型进行仿真实验，与 IRBAC 2000 模型和 CARBAC 模型进行了对比实验，实验结果验证了模型的正确性，提高访问安全性和效率，同时证明模型能够实现细粒度访问控制决策。

本章提出的基于属性标签跨域访问模型，兼顾了标签访问模型的跨域访问安全性和属性分类管理的便利性，从效率实验上已看出对于大量的标签数据，模型在时间开销上有更好表现。另外，本章利用 l-多样性原则和 MDAV 算法结合后的属性标签的 l-多样性微聚集算法，使该模型重中之重的属性标签得到更有针对性的保护，实验表明针对平均泄露概率，运用于属性标签的 l-多样性微聚集算法对于防御同质性攻击和背景知识攻击有更好的效果。对于属性标签只是简单的分类和赋值，对于各属性的敏感等级还没有更深入的研究。在接下来的工作中，要从属性标签的敏感等级入手，进一步满足租户、服务商的各种需要。

参 考 文 献

[1]　任国珍. 支持多租户数据隐私保护的数据加密机制研究. 济南: 山东大学, 2012.

[2]　张坤. 面向多租户应用的云数据隐私保护机制研究. 济南: 山东大学, 2012.

[3]　夏鲁宁, 荆继武. 一种基于层次命名空间的 RBAC 管理模型. 计算机研究与发展, 2007, 44(12): 2020-2027.

[4]　邓集波, 洪帆. 基于任务的访问控制模型. 软件学报, 2003, 14(1): 76-82.

[5]　曹进. 基于租户的访问控制模型研究. 苏州: 苏州大学, 2013.

[6]　张刚景. 实现敏感属性多样性的微聚集算法研究. 重庆: 重庆大学, 2014.

[7]　李晓峰, 冯国登, 陈朝武, 等. 基于属性的访问控制模型. 通信学报, 2008, 29(4): 90-98.

[8]　Kapadia A, Al-Muhtadi J, Campbell R, et al. IRBAC 2000: secure interoperability using dynamic role translation//Proceedings of the International Conference on Internet Computing, 2000: 231-238.

[9]　Calheiros R N, Ranjan R. CloudSim: a toolkit for modeling and simulation of cloud computing environments and evaluation of resource provisioning algorithms. Software: Practice and Experience, 2011, 41(1): 23-50.

[10]　杨柳, 唐卓. 云计算环境中基于用户访问需求的角色查找算法. 通信学报, 2011, 32(7): 169-175.

[11]　韩建民, 于娟, 虞慧群, 等. 面向数值型敏感属性的分级 l-多样性模型. 计算机研究与发展, 2011, 48(1): 147-158.

[12]　Martin D, Kifer D, Machanavajjhala A, et al. Worst-case background knowledge in privacy //Proceedings of the IEEE International Conference on Data Engineering, 2007: 126-135.

[13]　杨晓春, 王雅哲, 王斌, 等. 数据发布中面向多敏感属性的隐私保护方法. 计算机学报, 2008, 31(4): 574-587.

[14]　屈盛知. 保护隐私的 K-匿名模型研究和改进. 重庆: 重庆大学, 2009.

[15]　Samarati P, Sweeney L. Generalizing data to provide anonymity when disclosing information (abstract)//Proceedings of the 17th ACM SIGACT-SIGMOD-SIGART Symposium on Principles of Database Systems, 1998: 188.

第4章 基于信任评估的属性访问控制优化技术

第 3 章中提出的 CC-TPFGABAC 模型结合了属性访问控制理论，其基本思想是在主体、客体、动作以及环境属性的基础上加入信任属性和隐私属性来对用户进行授权，并将其应用在云计算环境下，以更加适合于云环境下的访问控制授权，同时描述了用户访问云资源或服务过程中的访问控制授权过程。

本章在云用户或服务的信任度计算上提出在云计算环境下的相应的信任度评估计算方法。本章中的信任度主要包括云用户对云服务或云资源的信任、云服务或资源对用户的信任以及不同逻辑安全域间的信任等。通过对用户与服务或资源之间的互相信任程度的计算分析，得出云计算环境中相互交互实体间的信任度，提出云计算中基于信任评估的属性访问控制策略优化技术，通过建立云资源与云用户之间的信任关系实现跨域访问控制和动态授权。

Grandison 等[1]首次提出了信任的概念和定义，为把信任机制运用到云计算环境中提供了基础，信任是对实体之间的属性和行为等因素的评估评价，它具有动态性、传递性和不确定性等特点，信任有直接信任和间接信任两种。直接信任是如果两个实体之间有直接交互，则可以利用实体间的交互结果建立直接信任关系；间接信任是如果两个实体之间未交互过，则可以通过信任传递或第三方的推荐建立信任关系。

如何辨识云服务提供商或云资源是否真实或是恶意虚假，如何从众多的云服务提供商或云资源中选择更为安全的服务或识别虚假恶意站点，这些都会使云用户对云服务提供商产生信任问题；另外，云资源或云服务提供商如何甄别用户，防止用户恶意攻击或同谋攻击，也会产生云资源和云服务提供商对用户的信任问题。国内外已有很多学者开始研究并提出了适应于各种分布式环境下的信任模型。吴慧等[2]通过引入信任来保障实体间交互安全，并在信任度计算上增加恶意节点的惩罚措施，一定程度上降低了访问等操作执行失败率，但该模型只是简单地把服务质量引入模型中，并单一应用信任度阈值进行控制，也无法实现服务提供者对用户的信任评价。吴明峰等[3]将对用户信任进行评估的结果作为二级访问控制要素引入访问控制模型中，定义了基本的访问控制策略，并依据信任度评估结果决定是否提供授权访问服务，但其实现是在 Web 服务计算环境下，且信任度的评估主观性太强，简单地把信任作为唯一要素，没有考虑用户对所要访问资源的隐私及安全性问题。

李峰等[4]提出了一种动态自适应的信任评估模型,该模型基于交互感知,通过引入历史交互窗口、评分相似度等因素,提高了模型对交互证据感知准确度,提高间接推荐信任的准确率,提升防共谋实体作弊的能力等。

张琳等[5]针对云用户如何选取可信的云服务提供商问题提出基于评价可信度的动态信任评估模型。该模型通过将服务能力划分等级,建立信任度计算随时间窗变化的模型,将用户的评价可信度作为可信权重来提高推荐信任计算的准确率,有效抵御恶意云用户的攻击。

本章在文献[4]和[5]有关信任评估方法的基础上,把信任引入云环境下的属性访问控制模型之中,提出了一种云计算环境下基于信任评估的属性访问控制优化技术。在信任度的计算上,本章提出基于综合信任聚合的信任计算方法,该方法通过引入评价可信度、实体熟悉度和评价相似度进行推荐信任度计算[6],并在总体信任度计算上加权融合直接信任、间接信任以及推荐信任等的计算,得到用户或资源的综合信任度,通过信任决策函数[7]根据总体信任度进行决策,把决策结果作为信任属性返回给授权模型,可用于不同安全域间的信任计算,也可用于本地域内访问主体和客体之间的信任计算,实现提升属性访问控制安全性的目的。

4.1 相 关 定 义

定义 4.1(云实体集合) 假设 $e_1, e_2, e_3, \cdots, e_n$ 为云计算环境中的 n 个实体,组成实体域 $E = \{e_1, e_2, e_3, \cdots, e_n\}$;UE $= \{u_1, u_2, u_3, \cdots, u_n\}$ 组成 n 个云用户实体集合,SE $= \{s_1, s_2, s_3, \cdots, s_n\}$ 为云计算环境中 n 个云服务实体集合,并且 UE 和 SE 无交集。

定义 4.2(信任) 信任是一种建立在自身经验基础之上的实体之间可信程度的评价,其评估结果用信任度 T 来表示,其属性有 untrust、weak trust、trust、strong trust 等。

定义 4.3(信任条件) 信任条件是实体之间信任必须满足的条件,当某实体信任度满足某一信任条件时,实体信任另一实体,反之不信任。通常信任条件是所设定的信任阈值,当信任度不小于阈值时则信任,否则不信任。

定义 4.4 实体宣称的服务度量指标集合为 Qclaim $= \{Q_1^{\mathrm{claim}}, Q_2^{\mathrm{claim}}, \cdots, Q_n^{\mathrm{claim}}\}$,其中 Q_k^{claim} 表示第 k 个服务度量参数。

定义 4.5 实体在交互中的服务度量指标集合表示为

$$Q_{ij}^{\mathrm{iter}} = \{Q_{ij}^{\mathrm{iter},1}, Q_{ij}^{\mathrm{iter},2}, Q_{ij}^{\mathrm{iter},3}, \cdots, Q_{ij}^{\mathrm{iter},n}\}$$

其中,$Q_{ij}^{\mathrm{iter},k}$ 表示实体 i 与实体 j 交互过程中所获得的第 k 个服务度量参数。

定义 4.6(安全域内信任度) 假设 D 是云计算环境中包含多个实体 e 的安全

域，则 D 域中的实体之间进行交互时，计算各实体之间的信任度，并适用本地安全域访问控制策略。

定义 4.7（信任评估值）　某个实体与另一实体完成一次交互后对该实体的评估值，用符号 v 表示，v 取值 0 或 1，0 表示不满意，1 表示满意。

定义 4.8（服务满意度）　某实体与另一实体完成多次交互以后对该实体的服务满意度评价，记为 S。

定义 4.9（直接信任度）　实体的直接信任度与其信任评估值有关，评估值越大，实体可信度就越高，反之越低。对于两个从未交互过的实体，直接信任度为零。

定义 4.10（跨安全域信任度）　假设 M,N 是云计算环境下两个不同的逻辑安全域，则 M 域中的实体与 N 域中的实体进行交互时需要计算两个域之间的信任度，并适用跨安全域的访问控制策略。

4.2　信任计算模型

在 CC-TPFGABAC 模型中，云计算环境中的主体在访问云服务或云资源时，通过信任度的高低的判断来避免主体访问到恶意或虚假的云服务或云资源。如果在访问控制决策时获得可靠的信任度，则结合其他属性进行决策授权，而且信任度处在动态变化之中，能让主体访问到更加安全的、可靠的云服务或云资源。CC-TPFGABAC 模型中的这部分主要是信任计算管理(trust computing module，TCM)模块。TCM 主要负责对云用户、云服务或资源的信任度进行评估，通过收集历史交互记录和对评价可信度、实体相似度和评价相似度等指标的计算完成信任度的评估与决策，然后把决策结果返回给认证授权模块，完成相应的访问控制决策；TCM 模块整体框架如图 4.1 所示，具体过程如下。

(1)云用户要想访问云服务或云资源，向 AAC 发出认证授权请求。

(2)AAC 对该访问请求进行分析，提取主体和客体相关信息后，并交由访问决策 PEP，PEP 将访问请求转换为属性访问控制请求并发送到决策端。

(3)访问控制决策模块调用 TCM 模块发出收集信任属性请求，TCM 利用信任计算得到云用户和云服务或云资源之间的信任度。

(4)TCM 模块将把信任计算结果返回给访问控制决策模块。

(5)访问控制决策首先判断云用户与云资源的信任属性是否满足访问控制要求，若满足则查询策略库并结合其他属性做出最终决策并授予用户应有的权限；反之访问控制决策模块则直接拒绝本次访问。

(6)PDP 做出的决策返回给执行端 PEP。

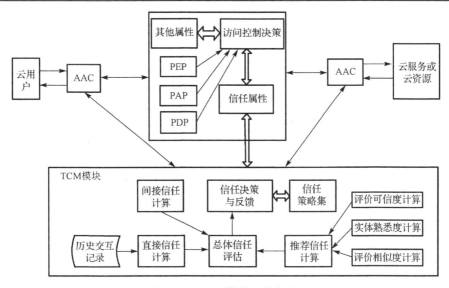

图 4.1　TCM 模块整体框架

(7) PEP 将最终决策结果返回给云用户。

(8) 云用户根据决策授权结果来访问云资源。

(9) 记录本次交互记录，TCM 模块将信任计算结果提交 AAC 并更新双方的信任值。

具体信任计算结果与访问控制决策联动授权流程如图 4.2 所示。

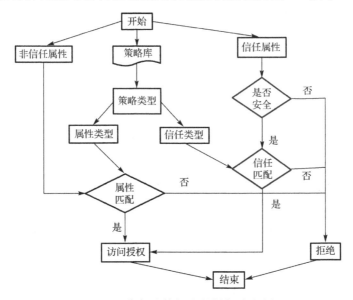

图 4.2　信任计算与决策授权流程图

TCM 模块工作流程如图 4.3 所示。

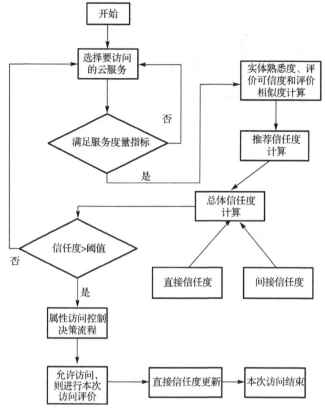

图 4.3　TCM 模块工作流程

具体处理步骤如下。

(1) 云用户在提出云服务访问请求的同时，声明自己对云服务或云资源的要求。

(2) 云服务或云资源是否满足所宣称的服务度量指标，满足则转入步骤 (3)，否则重新选择云服务或云资源。

(3) 信任评估模块计算云用户对要访问资源的直接信任度，如果没有直接交互，也没有推荐，则使用间接信任度计算总体信任度。

(4) 计算云用户对云资源的实体熟悉度，评价可信度和评价相似度，根据实体熟悉度、评价可信度和评价相似度的计算结果得到推荐信任度。

(5) 推荐信任度计算结果加上直接信任度计算结果，加入权重后形成云用户对云资源或云服务的总体综合信任度。

(6) 根据计算得到的综合信任度，并将其与设定的信任度阈值比较，根据比较结果再结合其他属性进行访问控制决策，决定是否接受选择的云资源进行访问。

（7）服务访问成功后，云用户需对云服务做出评价，以便更新相应的服务信任度和评价可信度。

（8）信任评估模块根据信任度计算公式计算直接信任度和用户的评价可信度。

（9）本次信任计算结束。

云计算环境下的云用户实体 e_i 对云服务或云资源 e_j 的总体信任度由直接信任度、间接信任度和推荐信任度综合计算得到，其中两种信任度计算之间的权重分配直接影响总体信任度准确计算。

云用户对云服务的总体信任度定义为

$$T\left(e_i, e_j\right) = \begin{cases} \dfrac{T_{ij}}{T_{ij}+|R|}T_{\text{direct}} + \dfrac{|R|}{T_{ij}+|R|}\text{CRT}(e_i, e_j), & 其他 \\ T_{\text{indirect}}, & T_{ij}=0 \bigcap |R|=0 \end{cases} \tag{4.1}$$

其中，T_{ij} 是云用户与云服务的历史交互次数，或者是二者的历史交互窗口；$|R|$ 是推荐实体的个数。若二者没有交互又没有推荐，则总体信任度即是间接信任度 T_{indirect}；如果历史交互窗口小于推荐实体个数，说明云计算环境下的其他用户对该服务或资源更熟悉，则增加推荐信任度权重；否则说明直接信任证据更充分，增加直接信任度权重且权重分配将随着信任的更新而不断动态调整。

$\text{CRT}(e_i, e_j)$ 表示云用户实体 e_i 对云服务或云资源 e_j 的直接或间接实体的推荐信任度。

4.3　直接信任度计算

根据历史交互记录是否充分有直接信任度的计算公式为

$$T_{\text{Direct}}^{ij} = \sum_{k=1}^{N} \frac{1}{N}H(k)T_{ij}^{k} \tag{4.2}$$

式 (4.2) 中利用交互双方的历史交互记录来计算资源访问者对服务提供者的信任度，其中，T_{Direct}^{ij} 被定义为经多次交互后实体对服务提供者的直接信任度；N 为最近、最大交互有效历史记录次数；$H(k)$ 为时间衰减函数，且 $0<H(k)<1$，其中 $H(k)$ 可以定义为

$$H(k) = \begin{cases} 1, & k=N \\ H(k-1)+\dfrac{1}{N}, & 1 \leqslant k < N \end{cases} \tag{4.3}$$

　　为使历史交互信任信息加权更加合理,通常离现在时间越短的交互行为被赋予相对大的权重。而 T_{ij}^k 表示一次交互的可信度(T_{ij}^N 表示最近发生的交互行为,T_{ij}^l 表示最远发生的交互行为),其计算可以用如下公式获得:

$$T_{ij}^k = \sum_{h=1}^n w_h \left(\frac{1}{\left| Q_{ij}^{\text{iter},h} - Q_h^{\text{claim}} \right|} \right)^2 \tag{4.4}$$

其中,w_h 为每个服务质量指标的重要程度即权重,其重要程度是客观存在的,并不随着人的意愿而改变,故利用信息熵的思想对权重进行客观的确定且满足如下条件:

$$\begin{cases} 0 \leqslant w_h \leqslant 1 \\ \sum_{h=1}^n w_h = 1 \end{cases} \tag{4.5}$$

$Q_{ij}^{\text{iter},h}$ 为交互历史记录中的第 h 个指标值,其值可以查询经预处理量化后的历史交互记录表得到,如表 4.1 所示。其中服务 Cost、响应时间、可靠性以及 Qos 满意度是服务度量部分指标,Q_h^{claim} 为提供者宣称的第 h 个服务度量指标,$Q_{ij}^{\text{iter},h}$ 与 Q_h^{claim} 的差值越小说明信任度越高;反之,信任度越低。

表 4.1　不同实体历史交互记录

云用户	云服务	服务 Cost	响应时间/s	Qos 满意度	可靠性
A	CS1	2	1.5	0.6	0.5
B	CS2	3	1.8	0.9	0.3
C	CS3	5	3	0.2	0.8
D	CS4	4	5	0.4	0.9

4.4　间接信任度计算

　　如果两个实体之间没有历史交互窗口,则其信任度计算可通过信任的传递性间接进行计算。无历史交互窗口也无推荐的间接信任度计算公式为

$$T_{\text{Indirect}}^{ij} = \sum_{k=1}^n (W(k) \cdot T_{\text{Direct}}^k) \cdot \frac{1}{\sum_{i=1}^n W(k)} \tag{4.6}$$

其中,T_{Indirect}^{ij} 表示间接信任度;T_{Direct}^k 表示第 k 条路径中被评估实体的前部实体对该实体的信任度;$W(k)$ 表示第 k 条推荐路径中的权重且其定义为

$$W(k) = \prod_{i=0}^{k} T_{\text{Direct}}^{i} \qquad (4.7)$$

T_{Direct}^{i} 表示访问实体 E_0 到要被访问实体的信任路径上第 i 个实体对下一个实体的直接信任度，并用 IDT（间接信任树）来描述信任路径上各不同实体间的信任关系，如图 4.4 所示。

例如，要计算实体 E_0 对实体 E_6 的信任度，二者之间未有直接历史交互窗口，但 E_0 与 E_1 有历史交互窗口，E_1 与 E_3 和 E_4 有过历史交互窗口，E_3 与 E_4 和 E_6 有过历史交互窗口，则依据式 (4.7) 得到权重 $W(1) = 0.9 \times 0.4 = 0.36$，$W(2) = 0.9 \times 0.5 = 0.45$，根据式 (4.6) 可以计算出间接信任度为 $(0.36 \times 0.2 + 0.45 \times 0.4)/(0.36 + 0.45) = 0.31$。

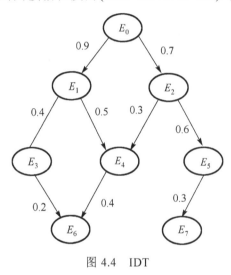

图 4.4　IDT

4.5　推荐信任度计算

定义 4.11（评价可信度）　云用户实体的总体评价可信程度，用 ET 表示，它是根据用户每次历史访问窗口中的评价满意度 s 和与用户交互过的云服务实体集合 p 来衡量的，其综合评价可信度定义为

$$s(t) = \sum_{i=1}^{n} s(i)/|s|, \; \text{ET} = \sum_{t=1}^{n} s(t)/|p| \qquad (4.8)$$

其中，$|s|$ 表示评价满意度数量；$s(i)$ 表示每次评价的满意度值；$s(t)$ 表示云用户对某一云服务或云资源的评价可信度；$|p|$ 表示用户交互过的实体数量；ET 表示云用户实体的总体评价可信度。

定义 4.12（评价相似度） 不同云用户 U_i 和 U_j 对同一云服务或云资源的评价相似程度，用 ES 表示，则其定义为

$$ES(i,j) = \frac{1 - \sqrt{\sum\limits_{i,j=1}^{n} \left(\left| T_{\text{direct},i} - T_{\text{direct},j} \right| \right)^2}}{|p|} \tag{4.9}$$

其中，$T_{\text{direct},i}$ 和 $T_{\text{direct},j}$ 是云用户实体 i 和 j 对某云服务或云资源的直接信任度；$|p|$ 代表与云用户 i，j 同时都有历史交互记录的实体数量。

对于云用户 U_i 对应的推荐用户 U_j，推荐可信度 RR 计算公式为

$$RR(U_j) = \partial \times ET + (1 - \partial) \times ES(i,j) \tag{4.10}$$

其中，∂ 取值设定在 0～0.5，则 $(1-\partial)$ 取值设定在 0.5～1，$(1-\partial)$ 值域表示评价相似度的权重更大，更看好该指标，而评价可信度仅作为参考。

定义 4.13（综合推荐信任度） 假设某云用户实体 i 针对某云服务或云资源 j 的推荐云用户实体集合为 $R = \{r_1, r_2, r_3, r_4, \cdots, r_k\}$，其中 k 个推荐云用户中含 m 个直接推荐云用户集合 R_{direct} 和 n 个间接推荐云用户集合 R_{indirect}，且满足 $k = m + n$，$R_{\text{direct}} \cap R_{\text{indirect}} = \varnothing, R_{\text{direct}} \cup R_{\text{indirect}} = R$，则云用户实体 i 针对某云服务或云资源的综合推荐信任度 CRT 定义为

$$CRT(i,j) =$$

$$\frac{\sum\limits_{m,n=1}^{k} (\delta \times T_{ij}(m) \times R_{\text{direct}}(m) \times RR(m) + (1-\delta) \times T_{ij}(n) \times R_{\text{indirect}}(n) \times RR(n))}{|p|} \tag{4.11}$$

其中，$R_{\text{direct}}(m)$ 表示云用户实体 i 针对某云服务或云资源 j 从某个直接推荐实体中获得的信任度；$R_{\text{indirect}}(n)$ 表示云用户实体 i 针对某云服务或云资源 j 从某个间接推荐实体中获得的信任度；$\delta \times T_{ij}(m)$ 表示云用户实体 i 对直接推荐实体的熟悉度，或者说作为直接推荐实体的信任度计算权重，$T_{ij}(m)$ 是云用户实体 i 与直接推荐实体集合 R_{direct} 中的某个实体的历史交互窗口，$T_{ij}(m)$ 值越大，则 $\delta \times T_{ij}(m)$ 越大，说明云用户实体 i 对推荐实体集合中实体越熟悉，即实体熟悉度越大；$RR(m)$ 表示云用户实体 i 的直接推荐实体集合中的推荐实体的推荐可信度，$RR(m)$ 值越大，说明直接推荐实体集中的某推荐实体的推荐可信度越大；$RR(n)$ 表示云用户实体 i 的间接推荐实体集合中的推荐实体的推荐可信度，$RR(n)$ 值越大，说明间接推荐实体集合中某推荐实体的推荐可信度越大；$|p|$ 是直接推荐实体数量和间接推荐实体数量之和。

$R_{\text{direct}}(m)$ 采用直接信任度计算方法计算得到，$R_{\text{indirect}}(n)$ 采用间接信任度计算方法计算得到。同时在实际计算综合推荐信任度时要着重考虑直接推荐实体推荐的信任度，保证权重因子 $\delta \times T_{ij}(m)$ 大于 $(1-\delta) \times T_{ij}(n)$。

4.6　信任度计算相关算法

信任计算管理模块的主要功能是对用户所要访问的云服务或云资源进行信任计算评估，把计算得到的信任度作为用户的信任属性，交由属性访问控制的访问控制决策模块联合其他属性进行综合授权决策，信任度计算评估部分包括直接信任度计算、间接信任度计算、综合推荐信任度和总体信任度计算，信任计算部分的核心算法如下：

TotalTrust( )　{ // 云用户实体 i 对云服务或云资源实体 j 的总体信任度

Begin

If(i 与 j 无历史直接交互记录，并且 i 没有推荐实体){

　　Query(IDT)，算出每条路径的权重；

$$W(k) = \prod_{i=0}^{k} T_{\text{Direct}}^{i} \text{；//计算路径的权重因子 } W(k)$$

根据直接信任度计算公式，计算第 k 条路径实体对云资源的直接信任度 T_{Direct}^{k}；

$$T_{\text{Indirect}}^{ij} = \sum_{k=1}^{n} (W(k) \cdot T_{\text{Direct}}^{k}) \cdot \frac{1}{\sum\limits_{i=1}^{n} W(k)} \text{；// 计算云用户实体 } i \text{ 对云服务或云资源实体 } j$$

的间接信任度

Return；}

If(i 与 j 有历史直接交互记录，并且 i 没有推荐实体){

　　　　Query(历史交互记录)，得出相应的交互历史窗口；

$$H(k) = \begin{cases} 1, & k = N \\ H(k-1) + \dfrac{1}{N}, & 1 \leq k < N \end{cases} \text{；//首先计算时间衰减函数 } H(k)$$

计算权重因子 w_h；

$$T_{ij}^{k} = \sum_{h=1}^{n} w_h \left(\frac{1}{\left| Q_{ij}^{\text{iter},h} - Q_h^{\text{claim}} \right|} \right)^2 \text{；//计算一次交互的可信度 } T_{ij}^{k}$$

$$T_{\text{Direct}}^{ij} = \sum_{k=1}^{N} \frac{1}{N} H(k) T_{ij}^{k} \text{；//计算直接信任度 } T_{\text{Direct}}^{ij}$$

Return；}

If(i 与 j 无历史直接交互记录，i 有推荐实体集合){

计算 $s(t) = \sum_{i=1}^{n} s(i)/|s|$ ；//计算评价满意度 $s(t)$

计算 $ET = \sum_{t=1}^{n} s(t)/|p|$ ；//计算总体评价可信度 ET

计算 $T_{\text{direct},i}$ 和 $T_{\text{direct},j}$ ；//计算云用户实体 i 和 j 对某云服务或云资源的直接信任度

计算 $|p|$ ；//计算与云用户 i, j 同时都有历史交互记录的实体数量

计算评价相似度 $ES(i,j) = \dfrac{1 - \sqrt{\sum_{i,j=1}^{n} (|T_{\text{direct},i} - T_{\text{direct},j}|)^2}}{|p|}$ ；

设定 ∂ 值；//∂ 值应在 0～0.5

计算推荐可信度 $RR(U_j) = \partial \times ET + (1-\partial) \times ES(i,j)$ ；//计算推荐可信度 RR

　　　Query(直接推荐实体数量 m)；

计算 $R_{\text{direct}}(m)$ ；//采用直接信任度计算方法计算

计算 $RR(m)$ ；//计算直接推荐实体可信度

　　　Query(间接推荐实体数量 n)；

计算 $R_{\text{indirect}}(n)$ ；//采用间接信任度计算方法计算

计算 $RR(n)$ ；//计算间接推荐实体的可信度

计算 $T_{ij}(m)$ ；//计算云用户实体 i 与直接推荐实体集合 R_{direct} 中的某个实体的历史交互窗口

确定 δ 参数；

计算实体熟悉度 $\delta \times T_{ij}(m)$ ；//计算云实体 i 对直接推荐实体的熟悉度

计算综合推荐信任度 $CRT(i,j)$ ；//其中 $CRT(i,j)$ 的计算见式(4.11)

　　　　Return；

　　　　}

if(i 与 j 有历史直接交互记录，i 有推荐实体集合){

Query(历史交互记录)，得到交互次数； //查询历史交互记录

计算直接信任度 $CRT(i,j)$ ；//步骤同直接信任度计算部分

计算综合推荐信任度 $CRT(i,j)$ ；//步骤同综合推荐信任度计算

确定历史交互记录数量 T_{ij} 和推荐实体数量 R ；

计算总体信任度 $T(e_i,e_j)$ ；//其中计算公式见式(4.1)

Return；

}

Return；

end

}

4.7 仿真实验及分析

实验硬件环境说明，服务器配置如下：4 颗 8 核 CPU，主频为 1.86GHz，内存为 64 GB，存储为 10TB， VMware 虚拟化平台。

仿真实验软件如下：开发平台 My Eclipse 8.5，采用 CloudSim[8]进行仿真实验，并在 CloudSim 中进行模块扩展，引入信任度评估计算算法，仿真实现属性访问控制中的 TCM 模块。实验初始设定如表 4.2 所示。

本实验设定了 2 种实体：CU 云用户实体和 CS 云服务或云资源实体。

其中 CU 云用户实体又可分为如下几类。

A 类：正常云用户实体，总是对服务实体提供可靠的服务评价。

B 类：半正常云用户实体，该实体对云服务给出真实或虚假的服务评价。

C 类：恶意云用户实体，该实体夸大某些云服务或云用户实体，贬损另外一些云服务或云用户实体。

其中 CS 云服务或云资源实体可分为以下几类。

A 类：正常云服务或云资源实体，提供真实的服务。

B 类：半正常云服务或云资源实体，这类实体随意给出真实或虚假服务。

C 类：恶意云服务实体，提供恶意虚假的服务和共谋的云用户实体。

云服务与云用户实体是相对独立的，一个实体既可以是服务提供者又可能是访问者，但是其身份是相对独立、互不影响的。

表 4.2 实验参数设置说明

参数	参数值	描述
TN	6000	总实体规模
NS	2000	正常云服务实体
FS	500	恶意云服务实体
HS	500	半正常云服务实体
NU	2000	正常云用户实体
HU	500	半正常云用户实体
FU	500	恶意云用户实体
SN	20	实体提供服务数量
W	100	实体间交互窗口
∂	0.3	评价可信度权重
δ	0.9	实体熟悉度权重

实验 1　云用户评价可信度仿真实验

针对云用户实体 CU 的评价可信度，仿真实验结果如图 4.5 所示。针对正常 A 类云用户，其评价可信度仿真结果基本保持为 1 左右，主要原因是其评价始终是可靠的；针对 B 类云用户实体，由于 B 类实体随不同的访问对云服务给出真实或虚假的服务评价，所以其可信度基本维持在 45%左右的中低水平；针对 C 类恶意云用户实体，由于这些实体故意夸大某些云服务或云用户实体，贬损另外一些云服务或云用户实体，所以其评价可信度一直处于 30%以下，并随着实验访问次数的增加而快速降低至 1%左右的不可信状态。

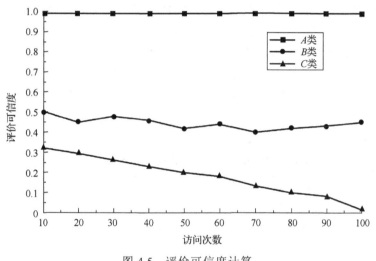

图 4.5　评价可信度计算

实验 2　信任度计算与恶意服务节点识别

实验首先随机选取 5 个云服务节点计算其信任度得到服务节点信任度随着次数增多的变化图如图 4.6 所示。

从图 4.6 中可以看出服务节点 3～5 随着访问次数的增多，信任度逐渐增强，说明这 3 个节点为可靠的服务提供者，而服务节点 1 和 2 随着访问次数的增多，信任度逐渐下降，说明节点 1 和 2 提供为恶意虚假的服务，本模型对服务节点信任评估是有效的。

对所有节点进行模拟统计，获得识别恶意服务节点情况如图 4.7 所示，从图中可以看出，开始由于访问次数较少，识别恶意节点比例较小，但是随着访问次数增加，恶意节点的识别比例加快，当恶意节点的识别比例增加到一定程度时，由于恶意节点大幅度减少，随着访问次数的增多，识别比例比较平缓，说明此模型对恶意虚假的服务有着良好的识别能力。

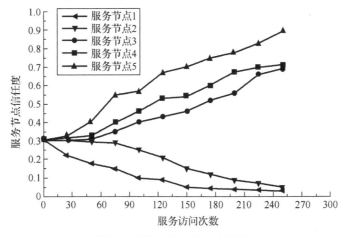

图 4.6　服务节点信任度计算

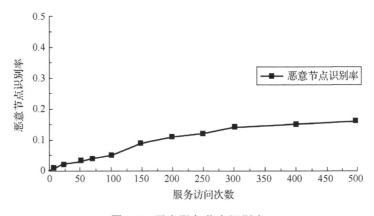

图 4.7　恶意服务节点识别率

实验 3　TCM 模块的有效性对比

图 4.8～图 4.10 给出了不同模型下恶意服务访问成功率随不同比例的 C 类服务实体的变化情况，实验结果表明：虽然本章模型和 CCECDTM 模型在初始阶段的恶意服务请求成功率都比较高，主要原因是初期云服务是随机选择的，尚未计算云服务实体的信任度。而随着各云服务实体的信任度不断计算和更新，恶意云服务实体不断被识别，使得恶意云服务实体请求的成功率逐步下降，并且本模型相对于 CCECDTM 模型的恶意服务请求成功率下降趋势非常明显，这说明本章模型利用评价可信度和评价相似度过滤识别了多数恶意推荐实体，使得在推荐信任度计算上更为准确。

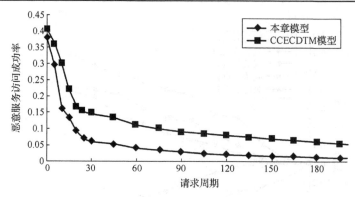

图 4.8　10%的 C 类恶意服务实体

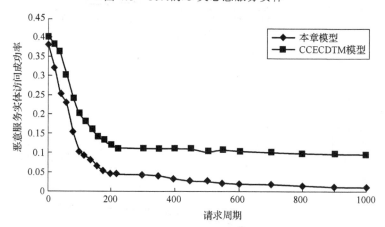

图 4.9　20%的 C 类恶意服务实体

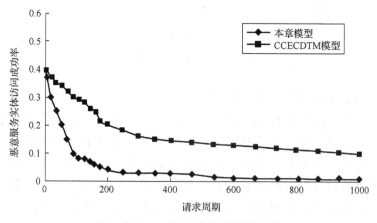

图 4.10　40%的 C 类恶意服务实体

　　图 4.11 是考察服务访问成功率与不同比例的 C 类恶意服务实体在本章模型和 CCECDTM 模型的对比变化情况。实验结果表明：当 C 类恶意服务实体比率在 40%

以下时，本章模型和 CCECDTM 模型的服务访问成功率均在 90%以上。而随着 C 类恶意服务实体比例进一步上升，本章模型的服务访问成功率更好，说明本章模型在推荐信任度计算上提出了评价相似度、实体熟悉度和评价可信度等综合指标，使推荐信任值的计算更加准确，进而在总体信任度和推荐信任度的计算上准确性效果更好。

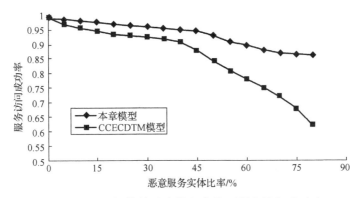

图 4.11　不同规模的恶意服务实体下服务访问成功率

4.8　本 章 小 结

本章在云计算环境下的属性访问控制模型的基础上，引入云环境下实体的信任度计算[9]和评估机制[10]来优化属性访问控制模型，提出了基于信任评估的属性访问控制优化技术，详细描述其整体架构以及信任计算管理模块的工作流程，提出了信任有关的概念定义，该模型大大增强了属性访问控制的安全访问控制能力。在云环境下各实体的总体信任度计算上，提出了采用直接信任度、间接信任度和推荐信任度的融合计算方法。在推荐信任度计算上，提出了评价可信度、实体熟悉度及评价相似度三个指标的综合计算方法及公式。通过对云计算环境下的各用户实体或服务资源实体的信任度进行计算评估，利用信任决策函数对信任度进行决策，把决策结果作为信任属性返回给授权模型，用于不同逻辑安全域间的各类云实体的访问控制以及同安全域内主体和客体之间的访问控制。相关信任度计算的仿真实验结果也表明该模型可以有效识别恶意服务实体，大大提高正常服务实体的访问成功率，进而提高属性访问控制的安全能力。

参 考 文 献

[1]　Grandison T, Sloman M. A survey of trust in Internet applications. IEEE Communications Surveys and Tutorials, 2000, 1(2): 1-10.

[2]　吴慧，于炯，于斐然. 云计算环境下基于信任模型的动态级访问控制. 计算机工程与应用，2012, 48(23): 102-106.

[3]　吴明峰. 基于属性和信任评估的服务计算安全模型研究. 济南：山东师范大学，2013: 45-68.

[4]　李峰，申利民，司亚利，等. 基于交互感知的动态自适应的信任评估模型. 通信学报，2012, 33(10): 60-70.

[5]　张琳，饶凯莉，王汝传，等. 云计算环境下基于评价可信度的动态信任评估模型. 通信学报，2013, 34(Z1): 31-37.

[6]　张波，向阳，黄震华. 一种社交网络中的个体间推荐信任度计算方法. 南京航空航天大学学报，2013, 45(4): 563-569.

[7]　魏志强，周炜，任相军，等. 普适计算环境中防护策略的信任决策机制研究. 计算机学报，2012, 35(5): 871-882.

[8]　刘驰. 云仿真工具 CloudSim 在虚拟机放置中的应用. 计算机与数字工程，2015, 43(4): 746-749.

[9]　乔秀全，杨春，李晓峰，等. 社交网络服务中一种基于用户上下文的信任度计算方法. 计算机学报，2011, 34(12): 2403-2413.

[10]　赵娉婷. 云计算环境下服务信任度评估技术的研究. 北京：北京交通大学，2014.

第 5 章　云环境下一种基于资源分离的 ATN 模型

针对云计算环境下大量不符合条件的用户与资源拥有者进行自动信任协商，产生大量非必要的计算开销，以及协商成功率低、敏感信息泄露等问题，提出一种云环境下基于资源分离的自动信任协商(resource separation based ATN in cloud，CRSBATN)模型。该模型在云环境下分离资源拥有者及其资源，使资源访问者不能直接与资源拥有者建立关系，只有经过计算成功解密访问控制策略的访问者才能获得拥有者的信息；在协商过程中提出 ABS-OSBE 算法对模型中资源访问者的属性真实性进行一致性校验，并给出自动信任协商模型的模型框架、协商策略形式化描述等，最后通过实验验证了该模型能够降低协商开销和提升隐私保护能力。

5.1　引　　言

在云计算环境下，越来越多的陌生安全域之间需要进行信息或服务的交互，自动信任协商在这个过程中扮演着一个重要的角色。自动信任协商(automated trusted negotiation，ATN)使用信任证实现，信任证是包含个体属性的证件，可能会包含敏感属性。资源拥有者为资源生成相应的访问控制策略，资源请求者根据这些访问控制策略通过和拥有者交换信任证来获得资源，进行自动信任协商的双方都希望向对方公开最少的信息。国内外许多专家和学者都在致力于研究如何提高协商效率并且降低协商过程中的隐私泄露等问题。

Winsborough 等首先提出了两种 ATN 模型，也是最经典的两种模型即消极策略模型和积极策略模型[1]。积极策略采用的是 PUSH 的方式，也就是在信任协商前，资源访问者一次性提交所拥有的全部证书，这样做的优点是减少了证书交换的次数，降低了网络开销，协商效率也比较高。但是用户将所有证书不加选择地提交给对方，无疑会暴露与协商不相关的证书，也会泄露个人隐私或者商业机密；消极策略采用 PULL 的方式，也就是资源拥有者要求提供哪个证书，资源访问者才提交该证书。消极策略和积极策略相反，它能克服积极策略的不足之处，但却增加了证书交换次数，网络开销大，协商效率低。

Liu 提出了一种基于信任评估的高效的信任协商模型[2]，使用交叠的虚拟组织——信任域来评估信任水平，再根据信任水平来选择访问控制策略。这种方法减少了信任协商交换证书的轮数，简化了协商过程，但是在云计算环境下，由于实体可能来自不同的安全域，并且事先并不存在关系，所以并不适用于云计算环境。

Kikuchi 等提出了一种完善隐私保护的自动信任协商模型[3]，这种信任协商模型使用同态公钥加密和条件转移的方法实现了在协商完成后证书的公开率为 0 的完美的隐私保护，但是这种模型性能和协商成功概率比较低，需要大量的计算开销。

葛维进等提出了一种基于属性加密（ABE）的隐藏证书扩展模型[4]，这种模型可以灵活地实现一对多的加密功能，比基于身份加密（IBE）的隐藏证书模型更灵活，应用更广泛，更大程度上保护了用户的隐私。但是这种模型也无法避免不符合条件的用户与资源拥有者进行协商，因此协商效率并未得到提高。

另外，文献[5]和[6]也都分别对自动信任协商模型在协商开销、协商成功率、隐私保护方面进行了研究，根据不同的侧重点提出了不同的模型。

为了提高协商效率并且减少协商过程中的信息泄露，本章提出了一种基于资源分离的自动信任协商模型，该模型利用云计算环境分离资源拥有者及其资源，并使用属性对访问控制策略加密，协商双方各自使用自己的属性解密访问控制策略，无须将属性提交给对方，在验证属性真实性时采用 ABS-OSBE 算法，在不需要得知对方属性的情况下就可以验证属性的真实性，实现了属性的零泄露；同时简化了协商过程，也避免了不符合条件的用户与资源拥有者建立信任关系所导致的额外开销问题。

5.2 基于资源分离的自动信任协商模型

5.2.1 相关约定

在 CRSBATN 中，有 3 个实体集合：资源拥有者 Owner、资源访问者 User、云 Cloud。

定义 5.1 在 CRSBATN 中，资源拥有者 Owner 和资源访问者 User 都拥有属性证书（attribute certificate，AC）和名片（visiting card，VC）；AC 包含实体所拥有的属性集，VC 包含实体的 ID 号，通过 ID 号可以与实体建立连接。

定义 5.2 策略解锁：若 $HC_D(P_S, A) = R$，则称属性集 A 为策略 P_S 的解密属性集，解密过程为策略解锁过程。其中 HC_D 为解密函数，R 为所要访问的资源。

5.2.2 自动信任协商过程

图 5.1 为简单的自动信任协商过程，从图中可以看出，访问者和资源拥有者一开始并没有直接建立关系，其过程如下。

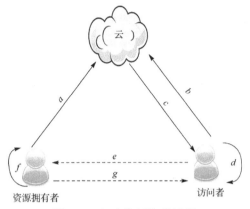

图 5.1　自动信任协商过程

（a）资源拥有者对其资源加密，并对访问控制策略和资源拥有者的 ID——Owner$_{\text{ID}}$ 进行加密得到密文 CT 和加密的访问控制策略 P_S。

（b）访问者在云端搜索所需资源。

（c）访问者获得加密的资源 CT 以及加密的访问控制策略 P_S。

（d）访问者使用自己的属性解锁访问控制策略 P_S。

（e）若访问者成功解开 P_S，则获得 Owner$_{\text{ID}}$，并使用属性加密对访问请求进行加密后发送给 Owner。加密过程与 Owner 对访问控制策略 P 的加密过程类似。

（f）Owner 用自己的属性解锁访问对方的访问请求和 User$_{\text{ID}}$。

（g）若 Owner 成功解锁访问请求，则将密钥参数与加密后的密钥发送给 User。

5.2.3　自动信任协商模型

本章提出的自动信任协商框架如图 5.2 所示。

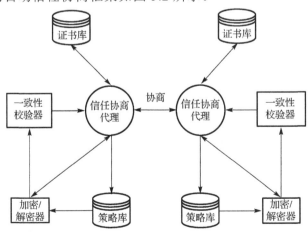

图 5.2　基于资源分离的自动信任协商框架

由图 5.2 可以看出，进行自动信任协商的双方实际上是对等的，在进行自动信任协商的时候没有本质的区别，都包括信任协商代理、证书库、策略库、一致性校验器和策略加密/解密器四个部分。在进行自动信任协商之前双方已经有解密访问控制策略的过程，只有能满足访问控制策略的访问者才有可能与资源拥有者进行自动信任协商，因此，一致性验证只需验证对方提交的属性是否真实。本方案中对传统的自动信任协商模型与协商过程进行了简化，下面将对该模型中的主要部件：加密/解密器和一致性校验器的原理以及过程进行详细阐述。

5.2.4 RSBATN 的协商规则与策略的加解密方法

1. RSBATN 的协商规则

本章用 Policy (R, rules) 来表示访问控制策略，Policy 为策略名称，简称 P；R 表示访问控制策略所保护的资源；rules 表示规则集。元策略是最简单的策略，如 $P = A_1$；在实际应用中很少使用元策略，一般都使用谓词将简单策略组合成复合策略。

(1) 连接谓词 and，用符号表示即 "$\wedge$"，表示二者必须同时满足，如 $P = A_1 \wedge A_2$。

(2) 并列谓词 or，用符号表示即 "$\vee$"，表示二者满足其中一个即可，如 $P = A_1 \vee A_2$。

(3) 取舍谓词 of，表示为 M of N，表示 N 个属性中满足任意 M 个，如 $P = M$ of $N(2, A_1, A_2, A_3)$。

(4) 三个谓词的混合应用，如 $P = (A_1 \text{ and } A_2) \text{or}(M \text{ of } N(2, A_3, A_4, A_5))$ 表示要么同时具有属性 A_1 与 A_2，要么具有 A_3、A_4、A_5 中的任意两个属性。

2. 策略加密/解密器

本方案中对策略的加密方式与隐藏证书[7, 8]的加密方式类似，由于隐藏证书系统并不固定，可以根据具体的应用或需求进行相应的修改。隐藏证书系统中是使用整本证书进行加密的，本方案中却是使用属性加密，因此对隐藏证书系统做了相应改进。ATT_u 表示用户 u 所拥有的属性集合，A_S 表示加密后密文的属性集合。

策略加解密系统由以下几部分组成。

(1) 系统参数设置函数 Setup：由系统运行，产生系统公开参数 params 和主密钥 masterkey。

$$params = <q, G_1, G_2, e', n, P, H_1, H_2, \varepsilon, D>$$

其中，q 是一个大素数；G_1、G_2 为生成元是 q 的两组群；n 为消息 $\{M\}$ 和密文 $\{CT\}$

空间的大小，$M = \{0,1\}^n$，$\text{CT} = G_1^* \times \{0,1\}^n$，$G_1^* = G_1 \setminus \{0\}$。$P$ 为 G_1 中的随机元素 $\forall P \in G_1$，用来产生公私钥。H_1、H_2 为两个 Hash 函数，满足 $H_1: \{0,1\}^n \to G_1^*$，$H_2: G_2 \to \{0,1\}^n$，并且 $D_S(\varepsilon_S(m)) = m$（$\varepsilon$ 和 D 分别为对称的加密解密函数，S 为密钥）。e' 为一个可管理的线性映射，满足如下条件。

① 线性：$e': G_1 \times G_1 \to G_2$。

② 非退化性：若 $\forall p \in G_1, e'(P,P) \in G_2$。

③ 可计算性：对于任意的 $P, Q \in G_1$，存在有效的算法能快速计算 $e'(P,Q)$，且满足公式 $e'(aP, bQ) = e'(P,Q)^{ab}$。

（2）证书发布函数：该阶段由认证机构通过证书发布函数 CA_Issue 为每个用户创建和发布证书，证书由一系列的证书组件构成，用户的每一个属性对应一个证书组件；用户在获取证书时可同时获得唯一的全局 ID。

（3）加密函数 $\text{CT} = \text{HC}_E(R,A)$：CT 为加密后的密文，$\text{HC}_E$ 为加密函数，R 为加密的资源，A 为加密使用的属性集合，即使用属性集 A 作为公钥来对资源 R 进行加密，本方案中访问控制策略加密的资源是资源拥有者的 ID，而不是访问者需要访问的资源，这样就保护了拥有者的拥有隐私，也就是说只有符合条件的访问者才能得知谁拥有该资源。在本章中加密函数为 $\text{CT} = \text{HC}_E(O_{\text{ID}}, A)$。

（4）解密函数 $R = \text{HC}_D(\text{CT}, A)$：接收方使用其属性集 ATT_u 中的属性对访问控制策略进行解密；存在门限值 d，当且仅当 $|\text{ATT}_u \cap A| \geq d$ 时，才能成功解密资源。

对于元策略，若 $P = A_1$，则 $\text{CT} = \text{HC}_E(O_{\text{ID}}, A_1)$。

对于复合策略，若 $P = A_1 \wedge A_2$，则 $\text{CT} = \text{HC}_E(\text{HC}_E(O_{\text{ID}}, A_1), A_2)$。

若 $P = A_1 \vee A_2$，则 $\text{CT} = (\text{HC}_E(O_{\text{ID}}, A_1), \text{HC}_E(O_{\text{ID}}, A_2))$。

若 $P = M \, \text{of} \, N(2, A_1, A_2, A_3)$，则 $\text{CT} = M \, \text{of} \, N(m, \text{HC}_E(O_{\text{ID}}, A_1), H_E(O_{\text{ID}}, A_2), H_E(O_{\text{ID}}, A_3))$。

需要注意的是使用这种方法加密，解密时是有顺序的。解密的过程与加密相反，层层解密。例如，$P = A_1 \wedge A_2$，$\text{CT} = \text{HC}_E(\text{HC}_E(O_{\text{ID}}, A_1), A_2)$，在解密时先使用属性 A_2 得出 $\text{HC}_E(O_{\text{ID}}, A_1) = \text{HC}_D(\text{CT}, A_2)$ 后再使用属性 A_1 得到 $O_{\text{ID}} = \text{HC}_D(\text{CT}_1, A_1)$，其中 $\text{CT}_1 = \text{HC}_E(O_{\text{ID}}, A_1)$。

3. 一致性校验器

一致性校验器是自动信任协商模型中关键的模块，传统的自动信任协商模型中一致性校验器用来判定对方提供的证书集合是否符合访问控制策略。在 RSBATN 中，由于由访问者使用自己的属性对访问控制策略进行解密，若属性不满足访问控制策略，则无法获得资源拥有者的 ID，协商也就无法开始；因此，本模型基于文献[9]，提出基于 ABS-OSBE 算法进行一致性校验，来验证对方提供的属性的真实性，保证了只有拥有正确证书签名的用户才能获得敏感信息（在本方案中是指资源的密钥）。

ABS-OSBE 算法包括系统建立、信息交互、解密获得资源密钥三个阶段。

1）系统建立

该阶段中主体 S 与客体 O 公布签名算法的所有公开参数以及一个用于生成对称加密密钥的安全 Hash 函数 $h': Z_P \to \{0,1\}^*$ 和两个同阶安全参数 t_1, t_2（t_1, t_2 都为 128bit）。被验证方称为主体。主体持有属性签名 $\sigma = (R_1, R_2, R_3, \lambda, r_b, F_r, M, Q, T)$，客体拥有资源密钥 K。

2）信息交互

① S 向 O 发送 σ'，$\sigma' = (\eta, \ \mu)$。

其中，$\eta = (R_1, R_2, R_3, r_b, M, Q, T)$；$\mu = (\phi, \lambda')$；$\phi = F_r^{t'} \bmod p$，$\lambda' = (\lambda + t) \bmod p$，$t, t' \in [1 \cdots 2^{t_1} p]$。

② O 收到 σ' 后，根据收到的 σ'，利用式（5.1）计算得到密钥参数，$h'(u)$ 为密钥，使用 $h'(u)$ 对资源的密钥 K 加密后得到密文 $D = E_{h'(u)}(K)$，$v = F_r^{t''}$，$t'' \in [1 \cdots 2^{t_2} p]$，将 (v, D) 发送给 S。

$$u = [e(R_1, Q)^{t' + \lambda'} e(R_1, Q)^{-h(R_1, R_2, g_1^{r_b} R_3^{-\lambda}, M)}]^{t''} \bmod p \tag{5.1}$$

③ S 解密获得资源密钥 K，S 收到 (v, D) 后解出解密密钥参数 u'，$u' = v^{t' + t} \bmod p$，最后用 $h'(u')$ 对密文 D 解密获得资源密钥 K。

在基于 ABS-OSBE 算法的一致性校验过程中，以下推导过程证明了拥有正确签名的用户通过计算获得密钥参数，从而获得资源密钥 K。

$$u = [e(R_1, Q)^{t' + \lambda'} e(R_1, Q)^{-h(r_1, r_2, g_1^{r_b} R_3^{-\lambda}, M)}]^{t''} \bmod p$$

$$= [e(R_1, Q)^{t' + (t + \lambda) - h(R_1, R_2, g_1^{r_b} R_3^{-\lambda}, M)}]^{t''} \bmod p$$

$$= \{[e(B_i^a, L^s)]^{t' + (t + \lambda) - h(R_1, R_2, g_1^{r_b} R_3^{-\lambda}, M)}\}^{t''} \bmod p$$

$$= \{[e(B_i^a, L^s)]^{t' + (t + \lambda) - h(R_1, R_2, g_1^{b + \lambda a} g_1^{-\lambda a} R_3^{-\lambda}, M)}\}^{t''} \bmod p$$

$$= (F_r^{t' + (t + \lambda) - h(R_1, R_2, R_4, M)}) \bmod p$$

$$= (F_r^{t' + t})^{t''} \bmod p$$

$$= (F_r^{t''})^{t' + t} \bmod p$$

$$= v^{t' + t} \bmod p$$

$$= u'$$

5.3　实验设计与仿真

5.3.1　实验设计

假设某医院 H(ID 为 IDH)有与患者相关的电子病例和治疗方法档案 R，只希望某些大学的临床专业的学生访问。由于涉及患者隐私，医院 H 不希望其他不符合条件的个人或机构得知该医院拥有这样的档案。医院 H 将该档案加密后存储在云端，访问控制策略 P 为：只有教师证或学生证中学校名称(school name)为 University of Tokyo / Northeastern University，专业(major)为临床医学，且要提供学号 number、身份证号 ID。我们可以把 P 表示为：$(A_1 \vee A_2) \wedge (A_3 \wedge A_4)$，使用本方案提出的模型加密 P 得到 P_S：

$$P_S = \mathrm{HC}_E(\mathrm{HC}_E((\mathrm{HC}_E(\mathrm{ID}_H, A_1), \mathrm{HC}_E(\mathrm{ID}_H, A_2)), A_3), A_4)$$

东京大学的一名学生 Bob 拥有属性集 $\{A_1, A_3, A_4, A_6\}$，想要访问该档案 R，搜索到 R 的密文 CT 与加密的策略 P_S。学号 number 和身份证号 ID 是敏感信息，Bob 只希望医院员工或者东京大学的教师查看，并且需要提供员工号。其策略 P_1：$(B_1 \vee B_2) \wedge B_3$。

整个协商过程如下。

1) 预处理过程

(1) 制定 P：$(A_1 \vee A_2) \wedge (A_3 \wedge A_4)$。

(2) 制定 P_S：$\mathrm{HC}_E(\mathrm{HC}_E((\mathrm{HC}_E(\mathrm{ID}_H, A_1), \mathrm{HC}_E(\mathrm{ID}_H, A_2)), A_3), A_4)$，并将密文加密存储，整个过程无论经过多少次协商，医院 H 只需处理一次。

2) 解密过程：Bob 的加密/解密器解锁 P_S

(1) $\mathrm{HC}_D(P_S, A_4) = \mathrm{HC}_E((\mathrm{HC}_E(\mathrm{ID}_H, A_1), \mathrm{HC}_E(\mathrm{ID}_H, A_2)), A_3) = P_{S1}$。

(2) $\mathrm{HC}_D(P_{S1}, A_3) = (\mathrm{HC}_E(\mathrm{ID}_H, A_1), \mathrm{HC}_E(\mathrm{ID}_H, A_2)) = P_{S2}$。

(3) $\mathrm{HC}_D(P_{S2}, A_1) = \mathrm{ID}_H$ 或 $\mathrm{HC}_D(P_{S2}, A_2) = \mathrm{ID}_H$。

Bob 解锁 P_S 时，并不清楚使用属性的顺序，只能用自己拥有的属性去试，若 P_S 经过 m 次加密，Bob 有 n 个属性，则平均解密次数为 $(n - m + 2)/2$，即平均经过 $(n - m + 2)/2$ 次解密即可获得资源拥有者的 ID。

获得资源拥有者的 ID 后，Bob 将访问请求 Re 通过 P_1 加密得到 P_{1S}。

3) 自动信任协商过程

H 获得 P_{1S} 后用自己的加密/解密器解锁，若成功解开 P_{1S} 获得访问请求，则向访问者发送一致性校验器的公开参数并通过匹配策略库查找资源 R 的密钥 K，一

致性校验器将密钥 K 加密后发送给访问者 Bob。若 Bob 拥有正确签名，则可解密获得 K，如图 5.3 所示。

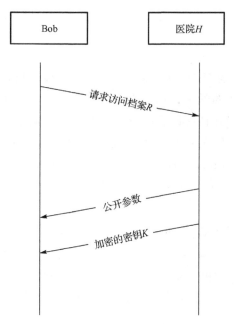

图 5.3　基于资源分离的自动信任协商过程

5.3.2　实验分析

为进一步说明本方案在隐私保护和自动信任协商成功率方面的提升，我们将本方案与最经典的 Winsborough 提出的两种方案[10]进行对比分析并利用仿真平台进行验证。

一般来说，一次自动信任协商的时间开销主要包含：数据传输时间、策略检索时间、证书检索时间和一致性校验的时间；并且策略检索和证书交换是多轮回的。

以上述案例来说，假设使用吝啬策略，则吝啬策略协商流程图如图 5.4 所示。

由图 5.4 可以看出，如果使用吝啬策略，则需要经过 8 次数据传输、3 次访问控制策略检索以及 3 次属性检索和 3 次一致性校验。这只是理想状态下医院 H 并未对自己的敏感属性做出保护，假设 B_3 为敏感属性，需要 Bob 先出示 A_4 才可以提供，而 A_4 又需要先提供 B_3，这样就会造成环策略依赖现象，双方经过大量时间开销和计算开销后协商失败的现象。

若使用热心策略，则服务规则表如表 5.1 所示，协商过程如图 5.5 所示。

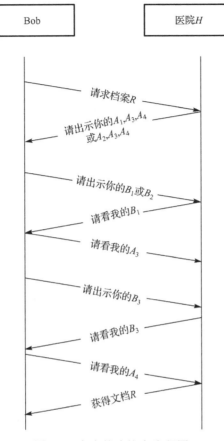

图 5.4　吝啬策略协商流程图

表 5.1　吝啬策略属性要求

属性	属性要求
医院 H（提供电子病历）	A_1,A_3,A_4 或 A_2,A_3,A_4
Bob（出示 A_3）	B_1 或 B_2
Bob（出示 A_4）	B_3

由图 5.5 可以看出，如果使用热心策略，则需要经过 4 次数据传输、3 次访问控制策略检索以及 2 次属性检索和 3 次一致性校验。

表 5.2 是成功完成一次自动信任协商的三种策略所用的开销。

三种策略完成一次自动信任协商属性暴露情况如表 5.3 所示。

以上过程是本方案与经典方案在一次成功的自动信任协商过程中，在开销和属性披露方面的对比分析，可以很明显地看到本方案的优势。

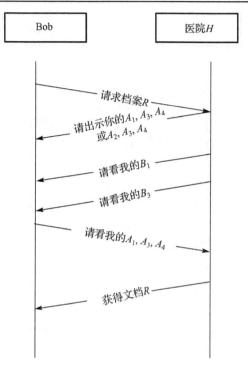

图 5.5　热心策略协商流程图

表 5.2　3 种策略下完成一次自动信任协商的开销

协商策略	数据传输次数	访问控制策略检索次数	属性检索次数	一致性校验次数
吝啬策略	8	3	3	3
热心策略	4	3	2	3
基于资源分离的自动信任协商策略	2	1	1	1

表 5.3　3 种策略下完成一次自动信任协商所暴露的属性个数

协商策略	资源拥有者	资源访问者
吝啬策略	2	3
热心策略	3	4
基于资源分离的自动信任协商策略	0	0

5.3.3　实验仿真

本节主要通过仿真实验对 CRSBATN 模型和经典模型的各项指标的对比，更直观地显示出本章提出的模型在开销和协商成功率方面的优势。

本次实验选择 Trust Builder2 作为仿真平台，数据部分使用 origin pro9 做数据绘图。

本次实验主要对 CRSBATN 模型和经典模型的协商时间(协商开销)与协商成功率进行对比，实验规定：资源拥有者与资源访问者的属性都为 30 个，访问控制策略的数目为 100 个，分别做 10 次实验，每次实验协商 100 次。访问控制策略中的矛盾策略[11]百分比以 3%的比例增加。假设双方都拥有策略中所需的属性。

由图 5.6 可以看出，随着矛盾策略比值的不断增加，两种经典模型的成功率都有所下降，但 CRSBATN 模型的协商成功率并未受到太大影响。这是因为双方都是通过使用自己的属性解锁访问控制策略，而无须将属性提交给对方，大大减少了敏感属性的泄露，提高了协商成功率。

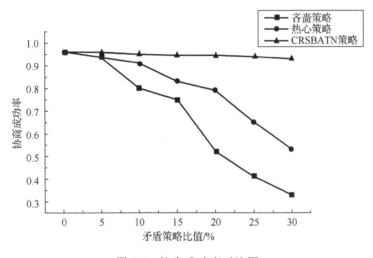

图 5.6　协商成功率对比图

由图 5.7 可以看出，随着矛盾策略比值的增加，三种策略的协商时间都有所增加，但吝啬策略增加最快，而热心策略和 CRSBATN 几乎没有太大影响，这是因为随着矛盾策略的增加，吝啬策略的协商轮数和属性传输次数显著增多，而热心策略和 CRSBATN 策略都只需要一轮协商，因此协商效率很高。由于 CRSBATN 模型在协商时访问控制策略已经解密，且不需要提交属性，所以 CRSBATN 模型比热心模型所用的协商时间更短。但需要注意的是，CRSBATN 模型在协商之前的预处理工作较多，在预处理过程中所需时间较长，但无论经过多少次自动信任协商，预处理工作只需要做一次，因此该时间可以忽略，且在建立信任关系之前，需要各自使用自身属性解锁访问控制策略。

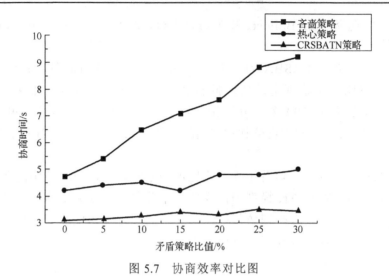

图 5.7　协商效率对比图

5.4　本 章 小 结

　　本章主要针对云计算环境下资源拥有者需要同大量不符合协商策略的资源访问者进行自动信任协商，产生大量不必要的计算开销和隐私泄露的问题，从而提出了一种 CRSBATN 模型，利用云环境分离资源拥有者及其资源，保护资源拥有者的隐私，并使用改进的隐藏证书方案对访问控制策略进行属性加密，使得只有访问者拥有访问控制策略所需要的属性并解开访问控制策略之后，才能与拥有者建立信任协商过程；提出了 ABS-OSBE 算法在无须提交属性的情况下对资源访问者的属性真实性进行验证。实验证明了该模型大大减少了不必要的计算开销和隐私泄露。

参 考 文 献

[1]　Winsborough W H, Seamons K E, Jones V E. Automated trust negotiation//Proceedings of the DARPA Information Survivability Conference and Exposition, 2000:88-102.

[2]　Liu B.Efficient Trust negotiation based on trust evaluations and adaptive policies. Journal of Computers, 2011, 6(2): 240-245.

[3]　Kikuchi H, Pikulkaew T. Perfect privacy preserving in automated trust negotiation //Proceedings of the IEEE International Conference on Advanced Information Networking and Applications, 2011: 129-134.

[4]　葛维进, 胡晓惠. EAEBHCM: 一种扩展的基于属性加密的隐藏证书模型. 通信学报, 2012, (12):85-92.

[5]　蒋文保, 陈文亮, 汪秋云. 一种自适应信任协商模型设计与分析. 四川大学学报: 自然科学版, 2013, 50(2): 75-82.

[6]　李健利, 谢悦, 王艺谋, 等. 基于交错螺旋矩阵加密的自动信任协商模型. 计算机应用, 2015, 35(7): 1858-1864.

[7]　廖振松, 金海, 李赤松. 一种基于隐藏证书的自动信任协商模型. 计算机科学, 2006, 33(12): 59-61.

[8]　洪帆, 刘磊. 用隐藏证书实现访问策略. 计算机应用, 2005, 25(12): 2731-2733.

[9]　Zhang B, Dong L I, Xiong H R, et al. ABS-OSBE protocol supporting sensitive attributes protection. Computer Science, 2015, 42(2):123-126.

[10]　Li J, Li N, Winsborough W H. Automated trust negotiation using cryptographic credentials. ACM Transactions on Information & System Security, 2009, 13(1): 206-207.

[11]　汪应龙, 胡金柱. 一种基于规则的自动信任协商模型. 计算机应用, 2008, 28(1): 80-81.

第6章　云环境下基于神经网络的用户行为信任模型

在云计算环境中网格用户之间的信任是网格安全的重要基础，为充分利用先验知识，运用神经网络理论对信任进行了建模，在相识社区的基础上，完成了推荐信任的计算，并采用 RBF 神经网络的惩罚项理论解决了恶意推荐问题。仿真实验模拟云环境下网格节点文件下载服务，分别使用本章模型、EigenTrust 和 NoTrust 三种方法来执行文件下载服务的选择过程，实验证明在云环境下的服务网格，使用本章的信任模型方法，可以有效评估网格用户可信度，提高用户的服务满意度，为云环境下网格用户的行为信任研究提供了新的思路。

6.1　引　　言

云计算是从集群计算、效用计算、网格计算、服务计算等发展而来的一种并行和分布式的计算模式，由于其数据的安全性、服务的可用性、性能的不可预知性、大规模分布式系统的安全漏洞以及声誉危机等与云计算的保密性和可靠性密切相关，所以云计算的安全问题较传统分布式网络的安全问题就显得更加重要[1]，网格因其自身开放性、兼容性、复杂性较强的特点，用户之间的关系越来越复杂，呈现出人类社会的特征，即陌生用户之间的关系不能在交互前确定，不能在交互前互相充分了解。这些特征使得传统的安全技术和理论虽然仍可以使用，但应该改进出新的理论对其进行优化。

利用信任理论解决用户间关系的安全问题是目前的一个研究焦点。有多位学者对行为信任进行了研究，国内外研究人员基于不同的数学理论，考虑信任的不同特性，提出了一系列经典的信任模型：Almenarez 等[2]提出了一种基于普适环境的域间信任模型(pervasive trust model，PTM)；Wang 等[3]提出一种面向 Bayesian 网络的信任模型；Theodorakopoulos 等[4]采用半环代数理论提出了一种信任模型；Song 等[5]基于模糊理论将权重由变量的模糊值确定，解决信息的不确定性；李小庆等[6]应用一种基于 LEACH 算法的密钥预分配方案，建立一种在网络成簇阶段对恶意节点的识别和删除的模型，及时将破坏作用的恶意节点识别出来并剔除；杨光等[7]提出一种无线传感器网络下的恶意节点识别模型，能够更快更准确地识别出发起多种攻击的恶意节点，有效抵御高信誉节点的恶意诽谤行为；蔡绍滨等[8]通过构建一种基于云理论的无线传感器网络信任模型(cloud trust model，CTM)，可以有效识别恶意节点。

这些研究往往注意了行为信任的非线性的特点,但是缺乏对行为信任自学习、自适应及容错性的分析。

6.2　信　　任

信任是实现网络安全的核心技术之一,信任模型的基本原理是按照实体的信任证据计算信任值,进而评估实体间的信任关系,再按照既定信任决策,判断是否发生服务,最后将所收集的服务评价信息作为信任更新证据并更新信任关系,如图 6.1 所示,它是在实体间的不断循环交互中逐渐建立起信任关系的过程模型[1],本章针对网格间用户关系的特点给出如下信任定义。

定义 6.1　信任是对实体未来行为的可靠性、正确性、真实性的期望。

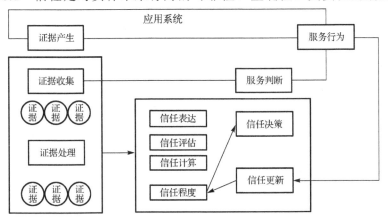

图 6.1　网格用户行为信任模型

6.3　信　任　评　估

云计算环境的开放性、自由性以及云计算交互实体的多样性、动态性使得网格用户间信任关系变得更为复杂,难以定义和评估[9]。实体间与信任相关的因素会不断发生变化,若不利用先前形成的经验,则需要重新建立模型,存在重复工作,神经网络具有自学习、自适应和容错性强的特点,能够将经验性的知识积累并利用,通过建立神经网络研究模型,将经验性的知识积累和充分利用,可以获得较为精确的信任值。

6.3.1　信任网络

定义 6.2　对考察的网格实体某项行为 h 而言,令 $X = (x_1, x_2, \cdots, x_n)$ 表示 h 的评

价属性向量，$W = (\omega_1, \omega_2, \cdots, \omega_n)$ 为每一个评价属性在考察 h 时所具有的影响，则以 $\{x_1, x_2, \cdots, x_n\}$ 为输入，以 $\omega_i (i = 1, 2, \cdots, n)$ 为输入权值，以 y 为输出，如图 6.2 所示。其中，$\sum$ 是求和符号；α 是经过求和后的输出；f 是信任元的输出函数或者称为转移函数；θ 是信任元的阈值。

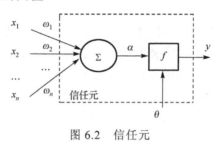

图 6.2　信任元

信任元的输出为：$y = f(W \cdot X + \theta) = f(\sum_{i=1}^{n} \omega_i x_i + \theta)$，其中，$W = (\omega_1, \omega_2, \cdots, \omega_n)$；$X = (x_1, x_2, \cdots, x_n)$。输出 y 表示对实体行为 h 的信任程度称为信任度。

信任元的输入 X，表示对行为 h 属性的测算值。而行为的每一个属性对于实体信任值的影响都是不一样的，这种影响通过 W 来表现。例如，在一个数据密集型网格应用中，实体需要的数据量是很大的，这时对传输行为而言，文件的完整性、传输的延迟时间和副本替换的安全性等属性对行为的影响要大[10]；而对于计算密集型的网格应用，同样是传输行为，排队时长、CPU 的利用率和通信带宽利用率等属性则更重要。

行为信任的复杂性决定了仅凭一个信任元计算的结果必然产生很大的误差，因此往往需要多个信任元并行形成一个层来工作，如果为了得到更精确的结果，则需要形成由多层信任元组成的信任网络。但是层次也不是越多越好，已经证明三层网络可以完成任意精度的逼近[11]。

定义 6.3　多个信任元的并行排列结构称为一个信任层，由多个信任层组成的如图 6.3 所示的结构称为信任网络。

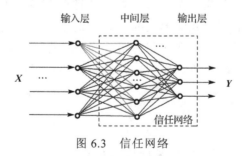

图 6.3　信任网络

对于输入 $X = (x_1, x_2, \cdots, x_n)$，每一个都要与信任元相连。此时输出为 $Y = (y_1, y_2, \cdots, y_m)$，对于每一个输出分量 y_j，仍可以表示为 $y_j = f(W \cdot X + \theta)$。

6.3.2　归一化

行为 h 的每一个属性值得到的方法、手段是多样化的，所以各属性具有不同的量纲且类型不同，也就是说属性间具有不可公度性。这种不可公度性就使得评估的结果误差较大，因此需要对各属性变量进行规范化处理——利用归一化的方法将属性变换到无量纲区间，使属性具有可比性。

属性一般可分为如下几类。

(1)开销型属性：顾名思义，这类属性是对资源、成本的一种消耗，对这类属性的评定值一般是越小越好，如对 CPU 时间的消耗、硬盘空间的使用等，因此对于此类属性可选取归一化函数为

$$F = (\max_j - x_i) / (\max_j - \min_j)$$

其中，$\max_j$ 为该类属性的最大值；$\min_j$ 为该类属性的最小值。

(2)贪婪型属性：这类属性值越大越好，如网络的带宽、下载速度，对于这类属性可选取归一化函数为

$$F = (x_i - \min_j) / (\max_j - \min_j)$$

其中，$\max_j$ 为该类属性的最大值；$\min_j$ 为该类属性的最小值。

(3)稳定型属性：此类属性以稳定在某一个值为最好，如网格中大型设备的电压。这类属性的归一化函数为

$$F = \mathrm{mid}_j / (|x_i - \mathrm{mid}_j| + \mathrm{mid}_j)$$

其中，mid_j 为该类属性的稳定值或最合适的值。

6.3.3　信任的评估

定义了信任网络和对信任属性进行归一化的处理后，可以通过信任网络完成对网格实体的信任评估。这种计算是对网格实体行为的分析、计算，涉及的因素主要有以下几个。

1)属性

属性是评价主体对网格实体的某个行为的主要关注点，也就是信任网络的输入，如在一个信息网格中，可以考察的属性有：信息完整性、信息真实性、信息时效性等[12]。

2) 评估结果

评估结果即对被评价实体所进行的信任评判，即信任网络的输出。由于评价结果可以有多种类型，如离散型、连续型、二值型，所以评估结果既可以是用连续值表示，又可以转换为离散值表示。用离散值表示时往往选择 ｛完全信任，很信任，一般信任，有点信任，不信任｝。

3) 权重

权重体现了各个属性对评价结果的影响程度，即信任网络中的 ω_j。权重初始值是由主体根据经验和自身要求给出的，但是在信任网络中经过训练后会收敛在一个特定值附近。

4) 学习规则

学习规则是修改信任网络的权值的方法和过程，也就是如何训练信任网络完成对信任的评估。学习规则直接决定了信任评估的具体过程。本章选取 RBF 算法作为信任网络的学习规则。

5) 评估过程

评估信任的过程可分为两个阶段，第一阶段是训练信任网络，训练的目的是使权重收敛在一个特定值；第二阶段是评估，即将属性值 X 输入训练完毕的信任网络中，产生评估结果。整个过程如图 6.4 所示。

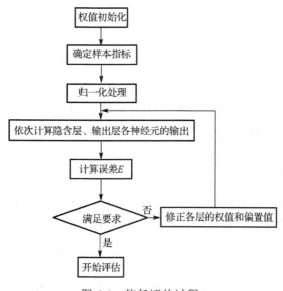

图 6.4　信任评估过程

定义 6.4　由信任网络得出的信任度称为直接信任度，简称直接信任，用 $d(p)$ 表示，其中 p 为被评估信任的实体。

6.4　推　荐　信　任

6.4.1　推荐信任值及评价相似度的计算

两个网格实体进行了一次或若干次交互后会产生一个较稳定的直接信任。但是，当两个没有任何联系的实体需要交互该怎么办呢？一般而言，有两种方法：一种是先给陌生的实体一个初始值，大家慢慢试探；另一种是通过其他实体推荐后，进行一次交易，交易完后可以获得对方的直接信任，这样，下次再交互就可以根据直接信任进行判断。显然这和人类社会也比较类似。两个陌生人交往时一种就是找与之熟悉的人进行询问；一种就是抱着试试看的态度与之交往。两者比较可能通过推荐安全性更好。

定义 6.5　实体 a 与实体 b 没有任何交往，则称实体 a 与实体 b 互为陌生者。

定义 6.6　实体 a 与实体 b 至少有一次交往，则称实体 a 与实体 b 互为相识者。

定义 6.7　实体 a 与实体 b 互为陌生者，称实体 a 获得的其他实体 c 关于实体 b 的信任度为推荐信任度，简称推荐信任，用 $r(c,b)$ 表示。

在人类社会中，每个人都有自己的交往范围，或者称为生活圈。在多数情况下，人更多接触的是这个圈子中的人，在对某人进行评价时，他们的意见是比较重要的。与此类似，每个网格实体都属于一个区域。

定义 6.8　网格实体 b 的全部相识者组成的集合 $A = \{a_1, a_2, \cdots\}$ 称为相识社区，b 称为相识社区的中心，用 $b \to A$ 表示。

设实体 q 向实体 p 请求服务，q 与 p 是陌生者，$p \to P$，p 要获得关于 q 的推荐信任。可以看出，如果仅将 P 中实体的推荐值输入信任网络，参与的实体太少，缺少一般性，如果采取向网格中全部实体都发送推荐请求，则信任网络的输入规模又过于庞大，计算复杂，时间耗费长，协调也困难[13]。本章采用了如下方法解决这一矛盾，p 获得关于 q 的信任值的过程如下：p 向相识社区 P 中的全体实体 $p_n(n = 1, \cdots)$ 发出推荐请求，然后 p 的相识社区中的每一个实体 $p_n(n = 1, \cdots)$ 形成一个以自己为中心的相识社区的推荐值作为 $p_n(n = 1, \cdots)$ 的推荐值 $r(p_n, q)$，该推荐值作为 p 的信任网络的输入。设 $d_n(n = 1, \cdots)$ 为 p 对 $p_n(n = 1, \cdots)$ 中每个相识者的直接信任，将 $d(p_n)$ 作为 p 的信任网络的权值，这里称 $d(p_n)$ 为口碑。最后经过 p 的信任网络的运算得出 $r(p,q)$，计算过程如图 6.5 所示。

定义 6.9　评价相似度。

用户在接受推荐者的推荐时，更愿意接受与其评价一致的推荐者的推荐。因此，为了提高评估间接信任的准确度，用户与推荐者的评价相似度 Sim_{SR_i} 也是有效的推荐证据之一[14]。信任具有的主观性、不确定性和非精确性的实质是信任的灰性，是灰色系统的外在表现，利用灰色关联度来度量用户与推荐者的评价相似度，来量化用户与推荐者对同一行为的评价一致性程度。假定用户更愿意接受与评价一致性程度高的推荐者的推荐，即若评价越相似，则评价相似度 Sim_{SR_i} 越高，反之，评价相似度 Sim_{SR_i} 越低。

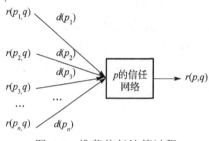

图 6.5　推荐信任计算过程

假设 $O' = \{O'_1, O'_2, \cdots, O'_n\}$ 是与用户 S、推荐者 R_i 都有过直接交互的服务提供商集，则 S 与 O' 的信任向量记为：$X_s(\mathrm{DT}_{SO'}) = (\mathrm{DT}_{SO'_1}, \mathrm{DT}_{SO'_2}, \cdots, \mathrm{DT}_{SO'_n})$，称为参考向量集，$R_i$ 与 O' 的信任向量记为：$X_{R_i}(\mathrm{DT}_{R_iO'}) = (\mathrm{DT}_{R_iO'_1}, \mathrm{DT}_{R_iO'_2}, \cdots, \mathrm{DT}_{R_iO'_n})$，称为比较向量集，利用灰色理论计算 S 与 R_i 的评价相似度的步骤如下。

（1）$X_s(\mathrm{DT}_{SO'})$ 和 $X_{R_i}(\mathrm{DT}_{R_iO'})$ 的灰色关联系数定义为

$$\sigma_i(X_s(\mathrm{DT}_{SO'}), X_{R_i}(\mathrm{DT}_{R_iO'})) = \frac{(\Delta_{\min} + \Delta_{\max})}{(\Delta + \rho\Delta_{\max})} \tag{6.1}$$

其中，ρ 是分辨系数，通常为 0.5；$\Delta_{\min}, \Delta_{\max}, \Delta$ 分别是 $X_s(\mathrm{DT}_{SO'})$、$X_{R_i}(\mathrm{DT}_{R_iO'})$ 的两极最小差、两极最大差和绝对差值。

（2）计算 $X_s(\mathrm{DT}_{SO'})$、$X_{R_i}(\mathrm{DT}_{R_iO'})$ 的灰色关联度为

$$\chi_{SR_i} = \frac{1}{k}\sum_{i=1}^{k}\chi(X_s(\mathrm{DT}_{SO'}), X_{R_i}(\mathrm{DT}_{R_iO'})) \tag{6.2}$$

计算 S 与各个 R_i 的评价相似度为

$$\mathrm{Sim}_{SR_i} = \frac{\chi_{SR_i}}{\displaystyle\sum_{i=1}^{n}\chi_{SR_i}} \tag{6.3}$$

6.4.2　恶意推荐的处理

利用推荐是与陌生网格实体交往的一种有效途径，但这种方法存在着安全风险，即恶意推荐。

定义 6.10 设网格实体 g_1, g_2，推荐信任值为 $r(g_1, g_2)$，设存在一个正实数 ε 及直接信任 $d(g_2)$，若 $|r(g_1, g_2) - d(g_2)| > \varepsilon$，则称实体 g_1 对实体 g_2 的推荐为恶意推荐，推荐信任值 $r(g_1, g_2)$ 为恶意推荐值。

恶意推荐的存在引起了网格中许多安全问题及效率问题的发生，如实体 g_1 需要从网格中下载数据，如果在恶意推荐的引导下从一个网速较慢的服务器下载，则会增加下载时间[15]；或者在恶意推荐的引导下从服务器下载数据的同时，也下载了木马或病毒，则会对实体本身的安全造成损害。由此可见，对于行为信任研究，如何消除恶意推荐的影响是保证信任模型鲁棒性的重要环节。

下面以神经网络的惩罚项理论为基础，提出一种新的消除恶意推荐的方法。

在图 6.4 的信任网络中假设存在 s 个恶意实体，如何消除它们的推荐影响呢？最直接的想法就是让恶意推荐不能进入信任网络。如果恶意实体的推荐所对应的权值为 0，则该恶意实体的推荐没有可能进入信任网络，也就失去了对最终推荐信任值的影响力[16]。现在问题的关键就转换为如何使权值为 0。惩罚项理论就是一种通过训练使权值收敛为 0 的方法。

具体的原理如下。

在传统的误差函数中加入一个衡量信任网络输入恶意程度的"惩罚项"，该项在计算信任度的过程中起到使恶意实体的推荐输入所对应的权值减小到 0 的作用，从而达到将恶意实体的推荐输入排除出信任网络的目的。

设图 6.4 的信任网络中采用的误差函数为 E。

为了消除恶意推荐，将误差函数 E 定义为

$$E = \tilde{E} + \frac{\omega_i^2 / ((I - y)^2 + \varepsilon)}{1 + \omega_i^2 / ((I - y)^2 + \varepsilon)} \tag{6.4}$$

其中，$\tilde{E}$ 是 BP 神经网络的原误差函数；ω_i 是权值向量；I 是第 i 个输入；y 是最终的输出；ε 是一个足够小的正数。

图 6.6 直观地说明了这种方法可以使恶意推荐的权值收敛为零。对于误差函数 E 的第二项，如果 $((I - y)^2 + \varepsilon) >> |\omega_i|$，即第 i 个输入与最终输出的误差很大，可以判定第 i 个输入为恶意推荐，此时误差函数 E 的第二项接近为零，也就表明对于推荐信任，第 i 个权值是不可信的，应该从信任网络中删除，反之，当 $((I - y)^2 + \varepsilon) << |\omega_i|$ 时，即误差较小，此时误差函数 E 的第二项接近为 1，也就表明对于推荐信任，第 i 个权值是重要的、可信赖的，应该保留。惩罚项起到了将恶意推荐剔除出信任网络的作用。

下面证明误差函数 E 收敛：

$$\lim_{k \to \infty} \left\| E_W(W^k) \right\| = 0$$

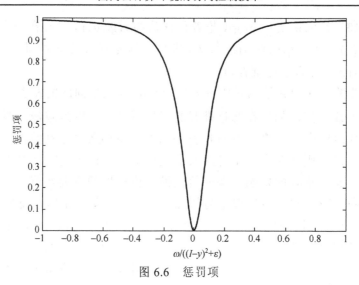

图 6.6　惩罚项

证明

记 $\sigma^n = \dfrac{1}{\eta_n}\sum_{i=0}^{q}\|\sum_{j=1}^{J}\Delta_j^n\omega_i^{nJ}\|^2 - \gamma\sum_{i=0}^{q}\sum_{j=1}^{J}\|\Delta_j^n\omega_i^{nJ}\|^2$，其中，$\gamma>0$。

显然 $\sigma^n \geqslant 0$。

$$E(W^{(n+1)J}) \leqslant E(W^J) - \sum_{k=1}^{n}\sigma^k$$

令 $n\to\infty$，有

$$\infty > E(W^J) \geqslant \sum_{k=1}^{n}\sigma^k$$

所以存在一个 $h>0$ 使得下式成立：

$$\sum_{n=1}^{\infty}\Big(\gamma\sum_{i=0}^{q}\sum_{j-1}^{J}\|\Delta_j^n\omega_i^{nJ}\|^2 < h\sum_{n=1}^{\infty}\eta_n^2 < \rho^2 h\sum_{n=1}^{\infty}\frac{1}{n^2} < \infty$$

故

$$\sum_{n=1}^{\infty}\frac{1}{n}\|E_W(W^{nJ})\|^2 < \frac{1}{\tau}\sum_{n=1}^{\infty}\left(\frac{1}{\eta_n}\sum_{i=0}^{q}\|\sum_{j=1}^{J}\Delta_j^n\omega_i^{nJ}\|^2\right) < \infty \qquad (6.5)$$

存在一个 $l>0$ 满足

$$\sum_{i=0}^{q}\|\omega_i^{nJ+J} - \omega_i^{nJ}\| \leqslant \sum_{i=0}^{q}\sum_{j=1}^{J}\|\Delta_j^n\omega_i^{nJ+j-1}\| < \frac{l}{n}$$

对每一个 $g_j'(t)$ 和 $g'(t)$ 分别应用中值定理，可以验证存在 $c>0$ 满足

$$\parallel E_W(W^{(n+1)J})\parallel - \parallel E_W(W^{nJ})\parallel \leqslant c\sum_{i=0}^{q}\parallel \omega_i^{nJ+J}-\omega_i^{nJ}\parallel < \frac{lc}{n} \tag{6.6}$$

由式(6.5)和式(6.6)可得

$$\lim_{n\to\infty}\parallel E_W(W^{nJ})\parallel = 0 \tag{6.7}$$

存在 $a>0$ 满足

$$\parallel E_W(W^{nJ+j})-E_W(W^{nJ})\parallel \leqslant \frac{a}{n}, \quad n=1,2,\cdots; j=1,2,\cdots,J-1 \tag{6.8}$$

由式(6.7)和式(6.8)可得

$$\lim_{n\to\infty}\parallel E_W(W^{nJ+j})\parallel = 0, \quad j=1,2,\cdots,J-1 \tag{6.9}$$

由式(6.8)和式(6.9)，结论得证。

证毕。

6.5　仿　真　实　验

通过构建模拟实验来评估本章的信任模型的实际性能。实验工具使用 Leland Stanford Junior University EigenTrust 工作组的 Query Cycle Simulator。实验结果模拟云环境下网格节点文件下载服务实验来验证。通过实验证明，在云环境下的服务网格，使用本章的信任模型方法可以有效评估网格用户可信度，提高用户的服务满意度。构建 100 个节点的网格实验环境，将这些节点分为 10 组，代表 10 个不同的虚拟组织。网格用户按均匀分布随机产生信任服务请求，构造 RBF 信任网络，RBF 网络参数设置如下：网络层数为 3，最大神经元数为 25，散布常数为 1，训练目标为 0.001，两次间隔显示添加神经元个数为 2，分别使用本章模型、EigenTrust 和 NoTrust 三种方法来执行文件下载服务的选择过程,调度器根据服务请求，计算可信度，对服务排序；用户选择可信度排名最高的服务执行；所有节点提供相同的文件下载服务。各网格节点不仅是服务提供者(提供下载服务)，还是服务消费者(提出下载请求)。

6.6　实　验　验　证

从图 6.7 中可以看出，在使用 NoTrust 方法时请求的成功率较低，使用本章方法，根据服务可信度评估结果进行服务选择，通过构造信任网络，对下载服务行为属性进行分析评估，服务请求成功率在开始阶段会比较低，随着服务的不断运行，更多的样本数据输入信任网络中进行训练，网格信任关系逐渐建立并趋于稳定，请求成功率会逐步提高。EigenTrust 方法按服务成功率选择服务，但未能有效避免恶意推荐，因此有许多服务虽然成功执行，但由于其接受恶意推荐，从服务器下载数据的同时，一方面增加了下载时间，另一方面也下载了木马或病毒，对实体本身的安全造成损害，导致服务满意度较低。从对比实验的实验结果中可以看出，这种信任模型方法较好地提高网格用户满意度，在网格环境中具有很好的适应性。

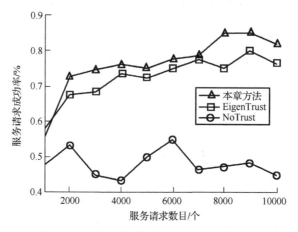

图 6.7　三种方法的服务请求成功率对比

6.7　本 章 小 结

本章的信任模型对行为信任的自学习、容错性进行了研究，改变了已有信任模型在相关因素变化时需要重新修改或建立模型的状况。本章还在惩罚项理论的基础上提出了一种新的解决恶意推荐的方法。此外，利用分割的相识社区降低了推荐信任的计算规模。本章的信任模型可以作为一种智能、有效的分析工具，用于网格行为信任的计算中，并对其他开放网络环境的相关信任研究提供了借鉴。

参 考 文 献

[1] 冯国登, 张敏, 张妍. 计算安全研究. 软件学报, 2011, 22(1): 71-82.

[2] Almenarez F, Marin A, Dyaz D, et al. Developing a model for trust management in pervasive devices//Proceedings of the Pervasive Computing and Communications Workshops, 2006: 265-271.

[3] Wang Y, Vassileva J. Bayesian network-based trust model//Proceedings of the IEEE International Conference on Web Intelligence, 2003: 372-378.

[4] Theodorakopoulos G, Baras J S. On trust models and trust evaluation metrics for ad-hoc networks. IEEE Journal on Selected Areas in Communications, 2006, 24(2): 318-328.

[5] Song S, Hwang K, Zhou R. Trusted P2P transactions with fuzzy reputation aggregation. Internet Computing, 2005, 9(6):24-34.

[6] 李小庆, 袁一方, 何冰. 成簇阶段恶意节点识别与剔除模型研究及实现. 电子设计工程, 2011: 11.

[7] 杨光, 印桂生, 杨武, 等. WSNs 基于信誉机制的恶意节点识别模型. 哈尔滨工业大学学报, 2009: 10.

[8] 蔡绍滨, 韩启龙, 高振国, 等. 基于云模型的无线传感器网络恶意节点识别技术的研究. 电子学报, 2012: 11.

[9] 刘飞, 罗永龙, 郭良敏, 等. 面向个性化云服务基于用户类型和隐私保护的信任模型. 计算机应用, 2014, 34(4): 994-998.

[10] 陈建刚, 王汝传, 王海艳. 网格资源访问的一种主观信任机制. 电子学报, 2006, 34(5): 818-821.

[11] 桂劲松, 陈志刚, 邓晓衡, 等. 基于 D-S 证据理论的网格服务行为信任模型. 计算机工程与应用, 2007, 43(2): 25-28.

[12] Sun B, Shan X M, Wu K, et al. Anomaly detection based secure in-network aggregation for wireless sensor networks. IEEE Systems Journal, 2013, 7(1): 13-25.

[13] Lee T Q, Park Y, Park Y T. An empirical study on effectiveness of temporal information as implicit rating. Expert Systems with Applications, 2009, 36(2): 1315-1321.

[14] 刘利钊, 魏鹏, 王颖, 等. 对基于可信计算的网格行为信任模型的量化评估方法研究. 武汉大学学报, 2010, 35(5):587-590.

[15] 林闯, 田立勤, 王元卓. 可信网络中用户行为可信的研究. 计算机研究与发展, 2008, 45(12): 2033-2043.

[16] Tso-Sutter K H L, Marinho L B, Schmidt-Thieme L. Tag-aware recommender systems by fusion of collaborative filtering algorithms//Proceedings of the ACM Symposium on Applied Computing. 2008: 1995-1999.

第 7 章　云计算环境下基于 RE-CWA 的信任评估

7.1　引　　言

云计算的快速发展给全球各行业带来机遇的同时，带来更多的是安全挑战，云计算下的安全问题显得尤为重要。与传统的网格计算相比，云计算具备以集群计算为主、面向多样的大众需求提供服务、面向持久性多样化服务、商业式运营等一系列的特点，可对云安全问题做出更加系统全面的规划和研究，社会各个领域的信任问题更是被列为实现云安全的一个核心因素。2012 年，由美国无线通信和互联网协会发布的市场调查显示：虽然有 85% 的 IT 界专业人士对云计算服务商承诺的安全问题抱有信心，但仍有 54% 的 IT 界经理和主管把云安全作为全年的头等大事。43% 的被调查者表示安全漏洞和安全问题在过去 12 个月中自己使用云服务时曾出现过，51% 的被调查者则认为云计算下的安全问题比以前更加严峻。从上面报告中可以得知：使用云服务的用户将自己的数据存放在远离控制的云计算中心，用户担忧的还是数据的安全性和隐私性，用户在使用云服务时将数据存放在云计算中心，这些数据将远离自己的控制，这种担忧将成为云计算发展与普及的主要障碍。

数据安全和隐私保护在云计算环境下的重要性已经成为目前最受关注的问题，这也引起了用户对云安全的担忧。今天许多安全领域的专家对安全问题做了进一步的深入研究，并根据研究的问题提出了信任模型，但云计算下的信任问题研究起步较晚，云计算下的信任问题研究还任重道远。因此云服务提供商和用户之间信任关系的建立和管理显得尤为重要。那么本章研究的重点也就放在了对用户行为信任的评估研究上，研究目的有以下几个方面。

(1) 从安全性和可靠性对云计算环境下用户行为的分类。

(2) 确定用户信任评估模型。

(3) 选取适当的权重计算方法，增加权重的合理性。

(4) 对用户的信任度做出科学客观的评价，提高访问控制的安全性。

研究的意义：针对云计算开放环境下的安全问题，有效分析用户不可信行为和异常行为，结合主观和客观赋权法的权重信息，选用基于相对熵的组合赋权法，弱化单纯使用一种权重计算带来的不合理性，对用户的信任度做出客观评价。

7.2　国内外研究现状

　　云计算飞速发展，体现的核心是云(即网络)。云计算将网络中海量的数据资源构成了一个超大规模的共享虚拟资源池，这极大方便了云端用户对资源的使用，降低了用户使用存储资源的耗费成本，但这也给一些非法用户破坏云端资源提供了可乘之机。正是这些显著的优势和安全隐患吸引了越来越多的目光，使得云计算下多租户访问过程中的安全问题逐步成为人们关注并研究的课题。今天，对用户身份真实性验证的同时，也要对用户的行为进行信任评估。传统的身份验证技术早已成熟，阻止恶意攻击对云资源的破坏不是仅用身份验证就能完全解决。因此对用户行为进行分析评估是有效提升云安全的关键，也是目前云计算研究中的一个重点。

　　云计算作为一种新模式[1,2]，它带来了新的安全威胁的同时，又为传统的安全问题提供了新的解决途径。为解决安全问题中的信任问题，各国学者对信任机制展开了全面的研究。由 Blaze 等首次提出"信任管理"的概念[3]是在 1996 年，与此同时，Abdul-Rahman 等根据信任的定义，对信任的内容和程度进行了划分，根据信任的主观性给出用于信任评估的数学模型。这一阶段，Beth 等为自己构建的 Beth 信任评估模型发表了一系列的论文，这些学术论文详细描述了他们建立的信任模型[4]。

　　随着对信任关系更进一步的研究发现，信任是动态过程，它具有一些特性，如特性上下文相关、传递衰减、时间滞后和风险等。建立信任的动态评估模型实际上是将现实社会的信任关系映射到虚拟信息网络中，来评估和预测实体的交互行为。动态的信任评估机制是当今信息安全研究的一个重要方向，许多国外学者对此深入研究并取得一些新的进展。

　　文献[5]在网格环境下，由 Song 等提出了一种基于 Fussy Logic 的信任评估模型，此模型对恶意实体和攻击具有较好的检测和抵御能力，模型的不足之处在于其收敛性较低，未评估间接信任度，全局可信性较低。

　　文献[6]和[7]中 Theodorakopoulos 等利用有向图的知识建立了信任关系模型，利用半环理论获取实体间最可靠的通信路径，在获取实体间最可靠的通信路径过程中，可以较准确地将恶意实体区分过来。通信路径计算收敛性较低是该模型的不足之处。

　　文献[8]在普适计算环境下提出了一种基于不同实体间向量运算机制的信任模型，其信任评估取决于对等实体共同的交互实体的推荐，将历史、信任和时间等影响因子引入来反映用户信任评估的动态性，但就交互实体在推荐中的欺骗行为没有给出解决措施。

国内对信任研究起步相对较晚，但也取得了一定的进展。李小勇等在文献[9]中提出一种信任关系量化模型，该模型是基于多维决策属性的，如风险函数、激励函数等，利用熵权法计算各个决策属性的权重，弱化了计算权重的主观性，使得此模型的动态适应性更加稳健，安全性也明显增强。吕艳霞等在文献[10]中提出了在云计算环境下，对网络用户行为证据的权重采用三角模糊网络分析法（fuzzy analysis network process，FANP）进行计算，并对云端用户行为进行信任任评，该方法能有效确定和正确分析云用户的异常行为，减弱了赋权方法的主观性，评判结果也变得客观有效。郭树凯等[11]在云计算环境下，提出了基于三角模糊层次分析法来确定用户各行为指标的权重，并结合风险评估和博弈论相关知识，从信任和风险两个角度进行用户行为的决策，该方法为用户行为决策提供了更客观和可靠的信息来源。周茜等[12]在云计算环境下频繁出现的恶意攻击行为，提出了一种信任防御模型，该模型选用模糊层次分析法确定各行为的权重，从而对云端用户行为进行评估，权重计算方法的人为主观性是此模型的不足之处。

7.3　信任问题和用户行为的研究

7.3.1　信任的特点与度量

信任这一概念的研究的时间较长，在心理学、社会学、哲学等学科领域都进行了多层次的研究。随着社会的发展，在理工科学领域（工程学、计算机科学等）也展开了对信任的研究。对于计算机科学与技术领域，信任问题研究开展的时间较短，因此计算机领域研究信任问题，需要借鉴其他领域的研究方法和成果。

文献[13]重点阐述了信任是对被信任者的行为进行的预测，对于风险的评估，不管能否监视或者控制被信方，信任方愿意接受被信任方的风险。文献[14]给出的定义是：信任是主观判断，它是根据现有的经验和知识做出的，A 主体根据自身所处的环境，对 B 主体身份的认可和其能够按照 A 的意愿完成其行为能力的信任。从文献[14]给出的定义，我们把信任进行分类：身份信任和行为信任，本章研究的重点是行为信任。

通过查阅不同的文献资料，结合本章研究的内容，本章给出的信任定义是：信任的主体的主观信念，这个主观信念指的是信任的客体行为的能力、诚实度、安全性和可靠性，这种主观信念依赖于特定的上下文。

查阅相关资料和文献，经过归纳将信任的特点概括为下面几条。

(1)信任具有传递性。信任的传递性是有条件的，例如，甲实体对乙实体信任，乙实体又对丙实体信任，我们推不出甲实体信任丙实体，要想推出甲实体信任丙实体需要附加条件。

（2）信任具有动态性。信任发生的上下文环境的变化是随着上下文发生的时间和信任实体内部的状况变化而变化的。

（3）信任具有主观性。对实体是否信任，来自人内心的心理判断，因此带有强烈的主观性。

（4）信任一般是不对称的。实体之间相互信任程度一般是不相同的，例如，甲乙相互信任，甲对乙的信任度和乙对甲的信任度一般是不同的。

在不同的信任模型中，信任值采用的度量方法都有所不同，借助数学表达式可以表示信任值，表示信任值度量方法如下。

（1）二值度量。这种度量方式是最简单、常见的，分为信任、不信任两种情况，将这两种情况转换成数字可以用 1/0 二进制表示，这样的表示方式更直观、更容易理解。

（2）用概率表示。通常情况下，各种信任的度量结果的概率和是 1，例如，甲对乙的信任度是 45%，那么不信任的概率为 55%。

（3）离散值表示信任度。离散值表示信任度就是将信任度构成一个信任等级集合，如信任等级集合{信任，较信任，一般信任，较不信任和不信任}。

（4）模糊变量表示。这里用到的是模糊数学知识来计算信任值，它有多个模糊子集来表示不同信任度的信任集合，如 $T_i (i=1,2,3,4,5)$ = {信任，较信任，一般信任，较不信任，不信任}。

7.3.2　云计算用户行为

1. 用户行为概念

对用户行为的研究，最早的是出现在心理学、社会行为学等学科中。在计算机科学领域，同样有用户行为，它们是可以分析研究的。云计算环境下的用户行为同样具有规律性和可研究性。研究云计算环境下的用户行为对云安全具有重要的意义，分析云计算中用户行为产生的证据，从而确定用户行为的信任值，利用信用值对用户行为进行信任评价。

云计算环境下的用户行为，是伴随网络技术的发展，对网络安全性重视程度而出现的，将其定义为：在网络环境下，用户为了达到某种特定的目标，与服务商或其他用户进行有意识的活动。

本章是基于云计算环境对用户行为进行分析，上面提到的网络环境就是云计算环境，其用户有意识的活动是以云计算作为手段和方法的。

2．用户行为权重

权重是针对某一个特定指标而言的，是要从若干个指标中分出重要程度。权重在评价过程中表示被评价对象的不同属性重要程度的定量分配[15]。用户行为分析过程中，不同的研究目的中同一属性对用户行为的影响程度是不同的，不同的属性在用户行为中权重值是不同的。属性权重值是非常重要的，它会影响用户行为评价的结果，用户行为各属性权重向量可以表示为

$$\boldsymbol{\mu}_k = (\mu_{k1}, \mu_{k2}, \cdots, \mu_{kn}), \quad k = 1, 2, \cdots, q \tag{7.1}$$

例如，云计算中，用户行为的可靠性属性可以表示成：（用户平均运行威胁程序次数 P_{11}，用户 IP 平均异常率 P_{12}，用户平均携带病毒数 P_{13}，用户平均登录服务器异常率 P_{14}），对应的权重可以表示成：$(\mu_1, \mu_2, \mu_3, \mu_4)$。

3．用户行为特点

云计算环境下用户行为与现实社会中人的社会行为相对应，它除了包含其他学科共有的用户行为特点之外，还具有自身特有的特点，这些特点可以参考可信网络中用户行为的特点。

(1)信任性。信任性是云服务提供商对云用户达到安全需求的评价，它的评价分析依据是，在一段时间内用户的历史证据。信任是实体间积累的期望，信任性是对用户行为长期观测的结果。

(2)风险性。在某一特定环境下的某一特定时间段，风险性是指某种损失发生的概率。云计算环境下用户行为的风险性，是指云用户的行为对其访问的云资源造成损失的概率。风险是不能被完全避免的，实体间的信任是降低风险的有效途径。

(3)随机性。用户行为的随机性是指，用户行为的发生依赖于自身所在的特定环境，并将随机发生的信息需求与自身思维层次结构相匹配，自主取舍、容纳、排斥后的不同信息群体也表现信息行为的复杂性与差异性特征[16]。

7.3.3　用户行为证据

用户行为证据是指借助计算机软硬件检测获取的基础数值，这些基础数据用来定量评价用户的总体行为[17]。在对用户行为定量分析时，不能对抽象的用户行为直接处理，而是将其转换成可以直接识别的数据，用户行为属性经过量化后的数值，就是用户行为证据。用户行为证据的获取是云安全研究的难点。

1．行为证据的获取

进行用户行为信任研究，获取的用户行为证据，粒度要划分适中，要满足评

价要求且全面可信，这是研究的基础。用户行为证据的各子证据数据蕴涵在不同网络流量的协议报文中，理想状态下，我们想获取的用户行为证据的子证据数据是真实可靠和全面实时，并且最大可能不影响网络的正常流量。但实际上获取的子证据数据是冗余的、无效无序的、杂乱的，不是理想状态的，获取这些数据后，要将其整理成有序完备的数据，而规范化是关键的操作。

目前可用的获取证据的方法如下。

(1) 利用已有的入侵检测系统，如基于协议分析的萨客嘶入侵检测系统。

(2) 利用网络流量检测和分析系统工具，如 Bandwidthd，可以在 TCP/IP 网络环境下获取详细的 IP 流量，显示 TCP/IP 网段中的使用状况，可以获取数据包的接收和传输速率等。

(3) 专用的数据采集工具，如 Cisco 公司的 NetFlow Monitor，NetScout 公司的 NetScout 网络性能管理产品，可以获取不同用户的宽带占用情况，获得实时的网络宽带利用率。

(4) 利用审计跟踪系统产生的系统事件记录和用户行为记录，这些记录包括网络管理日志捕获的用户操作数据包、服务器系统日志、审计记录、应用程序日志以及相应的操作记录等[18]。

(5) 利用协议标准（如 SNMP 等），使用自主研发的应用软件获取用户行为证据。

(6) 利用硬件获取行为证据。获取行为证据的硬件有许多，如 NetScout 公司研发的硬件探针。

尽管现在有许多系统、工具可以使用，但有些行为证据仅凭这些和现在的技术还是不能获取到的，对于那些难获取的行为证据，可以采用其他方法来进行间接获取，如可以利用专家经验积累来获取未知的行为证据值，也可以根据用户历史相关证据进行推测行为证据值[19]。

2. 行为证据的表示类型

行为证据常用的表示类型如下。

(1) 在一个大体范围内的具体数值。例如，用户平均扫描端口次数、数据传输的速度、服务响应的时间等，这些都是在一个大体范围内的具体数值，用户平均扫描端口次数是沿正向减少的，即扫描的次数越少越好。

(2) 百分比形式。例如，用户的 IP 异常率、数据传输的成功率等。

(3) 二进制形式。例如，数据的传输是否完整，这里用 0 表示不完整，用 1 表示完整。

3. 行为证据规范化

用户行为信任评估中，行为证据的获取方法途径是不同的，收集到的证据数值的表示和量纲差异会非常大，对用户行为进行对比是评估的一种常用方法，在评估分析中既要进行横向的比较，又要进行纵向的比较。为了便于计算和评估，使不同行为证据具有可比性，将证据数据进行无纲量化处理，因此，我们要对数据进行规范化，将这些数据规范到[0,1]区间内。

对于本身表示形式就在[0,1]范围内的百分比和二进制，只需通过式(7.2)将其转化为正向递增数值：

$$e_{ij} = \begin{cases} a_{ij}, & a_{ij}\text{正向递增} \\ 1-a_{ij}, & a_{ij}\text{正向递减} \end{cases} \tag{7.2}$$

其中，a_{ij} 为初始数据；e_{ij} 为规范化的数据。

在一个大体范围内的具体数值如果不在[0,1]区间内，则需要根据式(7.3)将其转变成[0,1]区间内的正向递增值或递减值，即

$$e_{ij} = \begin{cases} \dfrac{a_{ij} - (a_{ij})_{\min}}{(a_{ij})_{\max} - (a_{ij})_{\min}}, & a_{ij}\text{正向递增} \\[3mm] \dfrac{(a_{ij})_{\max} - a_{ij}}{(a_{ij})_{\max} - (a_{ij})_{\min}}, & a_{ij}\text{正向递减} \end{cases} \tag{7.3}$$

其中，$(a_{ij})_{\min}$ 和 $(a_{ij})_{\max}$ 分别表示初始基础数据证据的最小值和最大值。

7.3.4 用户行为可信的基本准则

用户在使用云计算中心提供的服务时，云中心也会面临一些安全隐患，在交互过程中，云端用户个人的安全问题可能会通过网络过程转移到云计算中心。自然地，用户在选择云计算中心的时候，往往需要将管理和保护数据的责任转移给信用高、可靠性高、安全性好的云服务提供商。云服务提供商要想为云用户提供安全可靠的服务就要建立一个良好的信任机制，这已经成为云用户和云服务提供商共同面临的根本性问题。

明确网络是可信的，是对用户行为的可信分析首先要做的。对于传统的授权认证机制身份认证，它只是对身份是否合法进行验证，没有涉及用户行为的信任问题。根据网络对于用户行为的基本要求，可以明确用户行为可信应当具备的基本准则[20]。

(1)信任评估的客观性。对实体的信任评价要客观，主观性太强的信任评价对

实体的评价起不到充分的作用。但是完全绝对的客观也是很难找寻的，我们应该选择一套标准来弱化主观性。

(2)信任评估的规模。评价实体对被评价实体应该充分了解，这样才能保证评价的结果能比较真实地反映实体的情况。因此，实体间应当达到足够的交互次数，过少交互次数的评价结果不能反映真实情况。

(3)信任评估的时间特性。因为信任度会随着时间而发生改变，最近的评价信任度能够很好地反映实体的近期情况。

(4)行为证据的规范性。行为证据复杂多样，表示形式和范围各不相同，若对行为进行评估，则必将这些行为证据进行规范化处理。

(5)方法的多样性。实体的行为可能出现变化，如出现新的行为，那么对实体行为的获取方法要具有多样性。

7.3.5　云计算行为信任评估

1. 信任评估原理

软件即服务(SaaS)是云计算中的典型。用户和其使用的数据资源越来越分离，这些数据资源越来越多的由服务商来提供，用户在其客户端只需要有必要的应用资源。当用户使用的数据资源由服务商提供时，用户行为的信任评估对于服务商与其提供资源的安全尤为重要。

信任评估就是评估实体对象的可信度，是信任决策的基础。权重不同的多属性组成了用户行为，属性由证据获得，如何得到证据的信任值，确定不同属性的权重是信任评估的组成部分。所以，信任评估的两个主要方面是：证据的收集处理和确定证据权重。用户行为的信任评估具有主观性和不确定性，选取什么样的方法对行为权重计算分析，都要做到评价是科学客观的，这是用户行为信任评估迫切需要解决的难题。图 7.1 是用户信任评估原理图。

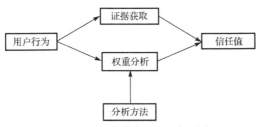

图 7.1　用户信任评估原理图

2. 云计算行为信任模型

在 7.3.1 节中我们给出的信任定义是：信任的主体的主观信念，这个主观信念是对信任的客体行为的能力、诚实度、安全性和可靠性的，这种主观信念依赖于特定的上下文。目前在不同的环境下，通过建立信任模型是解决实体之间信任的主要途径，信任模型指的是通过构建合理的机制来准确评估实体的行为，用计算得出的信任值来表示实体的"可信程度"[21]。

建立合理的信任管理机制可以让被服务的实体找到满意的服务提供的实体，从而使双方实体对交互过程都满意。准确获取实体的行为，是一个有效的信任模型建立的基础，在这个基础上计算得出的信任值能够准确地反映实体的信任情况。信任值是衡量实体间信任程度的重要凭据，实体间做出的相互可信度决策都是依据信任值的。信任机制的建立，让服务商对恶意用户加以限制，拒绝为此提供服务。在合理的信任机制下，被服务者和服务者建立信任后相互具有了充分了解，这就使得服务商在选择提供服务时不会盲目，而是科学客观，这也提高了服务的质量，让服务失败造成的损失降低。

云计算环境和其他环境存在很多不同之处，在这个环境下建立的信任模型也有很大的区别。云服务提供商和云用户是云计算环境下的实体，因此，可将云计算环境下的信任关系分类，一类是云服务提供商对云用户的信任，另一类是云用户对云服务提供商的信任，还有云用户之间的信任等。本章要研究的是云服务提供商对云用户的信任，在研究过程中，云计算环境下多租户行为多种多样，云服务提供商必须要有足够的工具来准确获取用户的行为。

云服务器中存储着许多用户的数据资源，这些数据资源对一些不法用户可能具有巨大的价值，因此非法用户会采取各种非法的手段来窃取。那么，云计算下的信任模型，不仅要为用户提供高质量的服务，还要及时发现非法用户，防御恶意用户的非法行为，遏制他们有预谋的非法行为。

本节对用户行为进行信任评估，建立信任评估模型，下面将对建立的信任模型进行详细介绍。

3. 云计算行为信任模型需要解决的问题

云计算行为信任模型需要解决的问题如下。

(1)信任的定义。信任模型首要解决的问题是定义信任。信任的定义明确后，才能采取适当的方法研究信任评估。

(2)信任的属性。信任属性对信任的评估和计算有直接的影响，在本章中信任将属性分为身份信任和行为信任。行为信任是本章的研究点。

(3)信任度的表示。本章将用户行为信任属性的信任度分为 5 个等级：信任、较信任、一般信任、较不信任和不信任。

(4)信任度的计算。信任度的计算方法有很多种，本书使用的是基于相对熵，利用组合赋权法进行模糊综合评价，从而得出信任度。

通过查阅不同文献和研究资料，首先介绍了信任，给出了信任的定义、分类和信任的度量方法，其次对云计算环境下的用户行为的获取、类型、规范化等进行了详细的分析。建立一个可信的评估机制是十分重要的，最后给出了建立信任模型要遵循的原则，给出了模型对行为信任评估的原理，还有模型要解决的问题。

7.4　云计算环境下基于 RE-CWA 的信任评价技术

本章在确定用户行为属性和证据的同时，将基于相对熵的组合赋权（relative entropy-combination weighting approach，RE-CWA）应用到用户行为信任评估中，通过相对熵计算得出各主、客观赋权法权重的贴近度，从而确定各赋权法权重在组合权重中的加权系数。最后对组合权重进行模糊综合评价，从而对用户信用度进行评价。

7.4.1　用户行为信任评估模型

用户与云服务提供商的交互行为，是判断用户和其行为是否可信的依据，如运行威胁程序次数、登录服务器异常率等。这些行为的数字化表示称为用户行为证据，文本信用度的评价是以用户行为为依据的。这些行为证据有的属于同一属性，有的不属于同一属性，如可靠性、安全性等。

根据查阅文献、社会调查、技术分析等方面的研究分析，将影响用户行为信任证据的子证据详细分为：可靠性{用户平均运行威胁程序次数，用户 IP 平均异常率，用户平均携带病毒数，用户平均登录服务器异常率}，安全性{用户非法连接次数，用户平均扫描重要端口次数，用户平均尝试非法越权次数，用户攻击其他用户数}。

1. 基于 RE-CWA 模糊综合用户行为信任评价模型

按照实际应用中的需求和功能特性，将整体的用户行为信任进行分层分解，将综合、不明确的用户行为信任分解为若干行为信任属性，这样可以有效解决云计算环境下用户行为信任的笼统性和不确定性问题[22]。将用户行为信任层次模型从高到低分解成目标层(O)、准则层(C)和指标层(I)，准则层将用户行为分解为可靠性和安全性，每一个特性下面有若干个具体的用户行为，也就是在指标层，如图 7.2 所示。

层次分析中的目标层，描述的是问题解决的目的，在该层要实现模型总目标，即要评估出用户的信任度。准则层是中间层，该层选用解决问题目标的措施、方

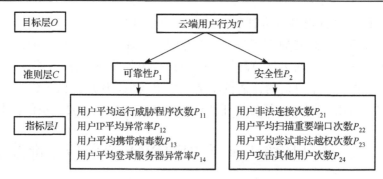

图 7.2　用户行为信任层次模型

案等，来实现模型预期总目标。最底层是指标层，上一层中选用的解决问题的方案措施就在此层，通常选择的方案措施可有若干个。将模型用一个三元组可以表示为 $M = \{O, C, I\}$ ，其中 $C = \{C_1 C_2 \cdots C_n\}$ ，$C_1 C_2 \cdots C_n$ 是准则层的子准则且 $C_i \cap C_j = \{\varnothing\}$ $(i \neq j, 1 \leqslant I, j \leqslant n)$ 。指标层 I 中的策略表示为 $I = \{I_1 I_2 \cdots I_p \cdots I_n\}$ ，$I_1 I_2 \cdots I_p \cdots I_n$ 。

2. 模糊综合分析法

用户行为信任层次模型构建后，下一步就要对信任进行评估。通过相对熵计算得出各主、客观赋权法权重的贴近度，从而确定各赋权法权重在组合权重中的加权系数，然后确定组合权重。得到组合权重后，再选取模糊综合评价法对用户信任进行综合评价。模糊综合评价法可以评价任意权重的隶属度，依照最大隶属度原则得出评价结果。

目前，模糊综合分析（fuzzy comprehensive evaluation）法是一种比较常见有效的模糊数学方法[23,24]。它结合模糊统计与模糊数学的知识，通过综合考虑影响某事物各个因素，对该事物的好坏做出科学的评价。模糊综合分析法在模糊综合评价时，参考与被评价事物相关的各因素，将各因素的权重向量运用模糊变换原理，再由最大隶属度原则给出评价结果。图 7.3 为模糊综合评判的基本模型。

图 7.3　模糊综合评判的基本模型

给定两个有限论域：$U = \{u_1, u_2, \cdots, u_n\}$ 和 $V = \{v_1, v_2, \cdots, v_n\}$ 。其中，集合 U 表示用户行为属性组，集合 V 表示信任度原语集。用 A 表示第一层属性的权重，$\boldsymbol{R}$ 表示用户信用评价的单属性模糊评价矩阵，R_m 表示第 m 个单属性评价结果，B 表示用户信任评价的第一层模糊综合评价集。本章将每个用户行为信任属性的信任度分为 5 等，分别为信任、较信任、一般信任、较不信任和不信任。

评估模型的关键之处在于构造单属性模糊评价矩阵。根据最大隶属度原则，设单属性模糊隶属度为 r_{ij}，构造出的单属性模糊评价矩阵为

$$R = \begin{bmatrix} R_1 \\ R_2 \\ \vdots \\ R_m \end{bmatrix} = \begin{pmatrix} r_{11} & \cdots & r_{15} \\ \vdots & & \vdots \\ r_{m1} & \cdots & r_{m5} \end{pmatrix} \qquad (7.4)$$

若各评价属性的权重集为 $A = [a_1, a_2, \cdots, a_m]$，对权重集运用乘法运算，可得到集合 V 上的一个模糊子集，即综合评价向量为

$$B = AR = (b_1, b_2, \cdots, b_n) \qquad (7.5)$$

得到综合评价模糊向量后，由最大隶属度原则确定用户对应的信任度。

模糊综合评价模型经过一定步骤的数学变换处理，使原本具有非定量化和模糊化的特征因子具有某种量化的表达形式。利用模糊综合评价模型的主要步骤如下。

(1) 选取用户行为评价指标。

(2) 建立模糊评价集 V。

(3) 构造隶属度函数和模糊关系矩阵。隶属度函数的构造和模糊关系矩阵的构造与计算将在实验部分给出。

(4) 确定权重系数、组合权重。权重系数的确定是通过相对熵计算得出的，它也表示选用的主、客观赋权法权重的贴近度，这里的贴近度就是要确定的加权系数，然后确定组合权重。

(5) 综合评价。

7.4.2　AHP 法赋权

层次分析 (analysis hierarchy process，AHP) 法是一种决策方法，它结合了定性和定量的内容，是由美国运筹学家萨德在 20 世纪 70 年代提出的。它对多类问题的决策都适用，因此具有广泛的应用性。权重的类型和组成的确定在层次分析法中是非常重要的[25,26]。它的贡献在于：① 给出了层次思维框架，且框架严谨；② 通过指标间的比较进行标度，增强了该评判结果的客观性；③ 定性和定量的结合，让该方法科学实用。

AHP 法在应用时，要对问题进行分解，分解为不同层次指标，构造一个呈递阶层次的结构。其次是建立判断矩阵，通过每一层的指标因素进行两两比较。最后是对判断矩阵运用线性代数矩阵的知识，计算它的最大特征值和最大特征值对应的正交特征向量，从而得出每一层指标因素的权重，权重值获取后，要对判断

矩阵进行一致性检验。使用 AHP 法对评价对象进行分层分析，需要建立相应的评价指标体系，一般情况下，将层次分为三层：目标层 O、准则层 C、指标层 I，图 7.4 为评价指标递阶层次图。

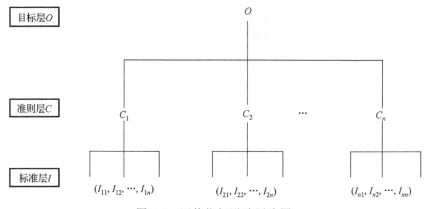

图 7.4　评价指标递阶层次图

AHP 法确定评价指标的权重，通常按照以下几个步骤进行。

(1)建立判断矩阵。两种方法构造判断矩阵的核心是对两两元素之间的重要度进行比较，根据相对重要度进行赋值，采用比值标度法表示这种相对重要度。Santy 提出了以 1～9 作为标度来构造一个正反矩阵。AHP 法采用 1～9 标度[27]对各指标相对于上层元素或同组内部元素的重要性程度赋值。数字 1～9 的取值意义如表 7.1 所示。

表 7.1　层次分析法 9 级标度及意义

标度 a_{ij}	取值意义
1	i 元素与 j 元素同等重要
3	i 元素比 j 元素稍微重要
5	i 元素比 j 元素重要
7	i 元素比 j 元素重要得多
9	i 元素比 j 元素非常重要
2,4,6,8	上述两两判断的中间值
1～9 的倒数	i 元素与 j 元素比较得到判断值的倒数

在构造判断矩阵时，针对准则层 C 中的两个元素 C_i 和 C_j 进行比较，按照 1～9 标度对重要程度赋值。这样两两判断后就构造了一个判断矩阵 $A = (a_{ij})_{n \times n}$，其中 a_{ij} 表示 C_i 和 C_j 相对 C 的重要性。

(2)计算判断矩阵 A 的最大特征值和最大特征值对应的特征向量，并将特征向量归一化。

(3)对判断矩阵 A 进行一致性验证。可定义矩阵 A 的一致性指标来衡量 A 的

一致性程度，即

$$CR = \frac{CI}{RI} \tag{7.6}$$

其中

$$CI = \frac{\lambda_{max} - n}{n-1} \tag{7.7}$$

λ_{max} 为判断矩阵 A 的最大特征值，判断矩阵的阶数为 n。当 CR < 0.1 时，判断矩阵 A 通过一致性检测且具有满意的一致性；当判断矩阵偏离一致性的程度过大时，需要修改判断矩阵中的元素值。AHP 的权重就是上述步骤中求出的特征值，而 ANP 的权重还需要建立超矩阵和加权超矩阵来确定。RI 称为平均随机一致性指标，它的具体值如表 7.2 所示。

表 7.2　平均随机一致性指标 RI 取值

阶数	1	2	3	4	5	6	7	8	9	10	11	12
RI 取值	0.00	0.00	0.58	0.90	1.12	1.24	1.32	1.41	1.45	1.49	1.51	1.48

7.4.3　ANP 法赋权

1. ANP 结构分析

在 ISAHP-IV 的基础上，美国运筹学家萨德提出了网络分析(analysis network process，ANP)法的理论，ANP 决策方法是 AHP 法延伸发展得到的。相对于 AHP 法认为同一层的元素是独立的，元素间的支配作用只考虑上层元素对下层元素。ANP 法克服这些局限，对实际问题中各层次元素相互依赖进行了解决，让底层元素对高层元素也具有了支配作用。

ANP 法将系统的元素划分为两层。第一层称为控制因素层，目标问题和相互独立的决策准则就包括在这一层，这些相互独立的决策准则只受目标元素支配，控制决策层不一定有决策准则，但一定至少要有一个目标，这一层的权重可以利用 AHP 法计算得到。第二层称为网络层，它由控制因素层支配的元素组成，它的内部是相互影响的网络结构。图 7.5 是一个典型的 ANP 结构。

ANP 和 AHP 相比较的共同点是：解决不易定量化的变量多准则问题都能够用这两种方法，它们都将定性的判断用定量表达和处理。它们的不同点是：AHP 法的不相邻两层间的元素不存在支配和从属关系，每一层结构内部的元素都是独立的，是简单的递阶层次结构。ANP 虽然也是递阶层次结构，但循环和反馈包含在 ANP 递阶层次结构之间，而且每一层结构内部的元素是相互依赖、相互支配的。所以区分 ANP 和 AHP 的分水岭是评价系统的指标或元素是否独立。

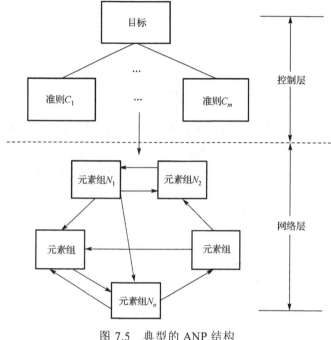

图 7.5　典型的 ANP 结构

2．ANP 法的超矩阵和加权超矩阵

ANP 法是在 AHP 法基础上改进的，因此计算权重的步骤和 AHP 法计算权重的步骤类似，ANP 在计算权重时除了 AHP 的三步外，还要建立超矩阵和加权矩阵。假设 ANP 控制层元素 $C_1, C_2, \cdots, C_n$，网络层元素 $N_1, \cdots, N_n$。其中 $B_{i1}, \cdots, B_{in}$ $(i = 1, 2, 3, \cdots, n)$ 是元素组 N_i 下面的元素，以控制层 C_j ($j = 1, 2, \cdots, n$) 为准则，以网络层 N_i 的 B_{jl} ($l = 1, 2, \cdots, n_j$) 为次准则，按照元素组 B_{jl} 的影响程度的大小进行间接比较，构造判断矩阵，如表 7.3 所示。

表 7.3　判断矩阵

B_{jl}	$B_{i1}, B_{i2}, \cdots, B_{in}$	归一化特征向量
B_{i1}		$w_{i1}^{(J1)}$
B_{i2}		$w_{i2}^{(J1)}$
$\vdots$		$\vdots$
B_{in_i}		$w_{in_i}^{(J1)}$

并由特征根法得排序向量：$w = \left[w_{i1}^{(J1)}, w_{i2}^{(J1)}, \cdots, w_{in_i}^{(J1)} \right]^{\mathrm{T}}$，计算其他判断矩阵记为

$$W_{ij} = \begin{bmatrix} w_{i1}^{(j1)} & w_{i1}^{(j2)} & \cdots & w_{i1}^{(jn_j)} \\ w_{i2}^{(j1)} & w_{i2}^{(j2)} & \cdots & w_{i2}^{(jn_j)} \\ \vdots & \vdots & & \vdots \\ w_{in_i}^{(j1)} & w_{in_i}^{(j2)} & \cdots & w_{in_i}^{(jn_j)} \end{bmatrix} \quad (7.8)$$

判断矩阵 $W_{ij}=0$ 中的列向量是网络层 N_i 中元素 B_{i1}, B_{i2},$\cdots$,B_{in_i} 与 B_{ji},$\cdots$,B_{jn_j} 的影响力大小的排序向量。如果 N_j 中的元素不受 N_i 中元素的影响,则 $W_{ij}=0$,这样就可以得到超矩阵 W:

$$W = \begin{matrix} c_1 \\ c_2 \\ \vdots \\ c_N \end{matrix} \begin{bmatrix} w_{11} & w_{12} & \cdots & w_{1N} \\ w_{21} & w_{22} & \cdots & w_{2N} \\ \vdots & \vdots & & \vdots \\ w_{N1} & w_{N2} & \cdots & w_{NN} \end{bmatrix} \quad (7.9)$$

从式(7.9)可以看出,超矩阵时由归一化的 w_{ij} 列构成,虽然 w_{ij} 列已经归一化,但是 W 的列没有归一化处理,因此对 C_i 下的各组元素 B_j($j=1,2,\cdots,N$)的重要性进行比较,如表 7.4 所示。

表 7.4 B_j 的重要性比较

B_j	$B_1,\cdots,B_N$	归一化特征向量(排序向量)
B_1		a_{1j}
$\vdots$	$j=1,\cdots,N$	$\vdots$
B_N		a_{Nj}

与 B_j 无关的元素组对应的排序向量分量为零,由此得加权矩阵为

$$A = \begin{bmatrix} a_{11} & \cdots & a_{1N} \\ \vdots & & \vdots \\ a_{N1} & \cdots & a_{NN} \end{bmatrix} \quad (7.10)$$

对超矩阵 W 的元素加权,得 $\overline{W} = (\overline{W}_{ij})$,其中

$$\overline{W} = a_{ij}W_{ij}, \quad i,j=1,2,\cdots,N \quad (7.11)$$

$\overline{W}$ 就称为加权超矩阵,$\overline{W}$ 的每一列的和等于 1,也称为列随机矩阵。

7.4.4 变异系数法赋权

变异系数法是一种客观权重的计算方法,指标的权重是直接利用各指标信息经过计算后得到的。使用变异系数法之前,首先需要对其进行标准化处理,消除

各评价指标量纲差异。设标准化后的数据矩阵 $\boldsymbol{Y} = (y_{ij})_{m \times n}$，$m$ 表示评价方案的数量，n 表示指标个数。变异系数法对指标体系评价的步骤如下。

(1)计算每列向量的平均值：

$$\bar{y} = \frac{1}{m} \sum_{i=1}^{m} y_{ij} \tag{7.12}$$

(2)计算标准差：

$$S_j = \sqrt{\frac{1}{m} \sum_{i=1}^{m} (y_{ij} - \bar{y}_j)^2} \tag{7.13}$$

(3)计算各指标的变异系数：

$$V_i = \frac{S_j}{\bar{y}} \tag{7.14}$$

(4)计算各项指标的权重：

$$W_j = \frac{V_j}{\sum_{j=1}^{n} V_j} \tag{7.15}$$

7.4.5 熵权法赋权

1. 信息熵的定义

熵最早是物理学上的概念，由克莱休斯在 1865 年引入热力学中，来表述热力学第二定律。熵的内涵随着时间的推移越来越丰富，在许多领域都会见到它的存在，如物理学、信息科学与工程、量子信息学，就连社会科学也会遇到"熵"的踪影。熵的定义十分抽象，本章将举一个例子来解释熵的定义。不管固体还是液体或者气体，它们的内部都存在分子运动，取一固体假设是铁块，初始状态接近0K，记初始状态铁块的确定的熵值为 H_1，这个状态下分子运动规则有序接近停滞，并在各自的平衡位置上。现在变换一个状态给铁块加热，这必然会导致它进入另一个平衡状态，这个状态下的熵值记为 H_2。状态的改变导致铁块吸热，由熵增加原理可知，$H_1 < H_2$，并且分子运动加剧，比加热前更混乱无序，如果进一步加热，则铁块将会变成液体，甚至是气体，熵值会进一步增加，分子运动更混乱无序。这个例子中，将熵的大小与分子运动相关联，可以将熵理解为物体内部无序的量度。这使得熵突破热力学的限制，应用到其他领域中。

随着时间的推移，后来熵又由美国数学家、信息论的创始人香农首先引入信息论中来，被定义为随机变量的不确定性量度。熵在信息论中表示信息源发出信号状态的不确定程度。熵值越小，信息系统有序程度就越高，信息含有量就越大；反之，熵值越大，信息系统的无序程度就越高，信息含有量就越小。信息和熵是互补的，信息就是负熵[28]。

2. 信息熵赋权值

从指标的重要性和指标提供的信息量两方面来确定所有指标的最终权重。同时，标准化处理不同指标的量纲，以便于比较。熵权法对指标体系评价的步骤如下。

(1)确定评价指标和评价等级，假设有 m 个评价指标，n 个评价等级，建立标准化矩阵：

$$\boldsymbol{R} = (r_{ij})_{mn} \tag{7.16}$$

(2)计算第 j 个指标的熵值：

$$E_j = -k\sum_{i=1}^{m} x_{ij} \ln x_{ij} \tag{7.17}$$

其中，$k = 1/\ln m$。

(3)计算第 j 个熵权，也就是权重 w_j：

$$w_j = \frac{\partial_j}{\sum_{j=1}^{n} \partial_j} \tag{7.18}$$

其中，$\partial_j = 1 - E_j$。

7.4.6　基于相对熵的组合赋权法

目前，公开发表的权重计算方法在国内外已达到几十种，按照指标权重确定的方式，可以将权重计算分为两大类，分别是主观赋权法和客观赋权法[29,30]。两类赋权方法的原理不同，权重计算的效果上也各不相同。主观赋权法是根据专家主观上对各指标的重视程度来确定权重的，简单易用，缺点是客观性差，对专家的要求比较高，在应用中局限性较大。客观赋权法摆脱了主观判断带来的影响，需要依赖于实际问题，权重的确定有较强的数学理论依据，但专家的可参与性与通用性较差，计算过程烦琐，专家对不同指标的重视度在客观赋权法中不能体现。熵权法、变异系数法等是较常用的客观赋权法。主观赋权法有 AHP 法、ANP 法、德尔菲法等。

对于种类繁多的赋权方法，不能绝对认为某一种赋权方法的权重是准确的，也不能认为比其他赋权方法合理。选择相对科学合理的赋权方法在一定程度上会影响评价结果。为此我们提出了基于相对熵的组合赋权法，在使用组合赋权法时，若能确定所选用赋权法的"可信度"，则利用"可信度"对不同赋权方法的权重进行加权平均。本章采用相对熵的知识，对所采用的主、客观赋权法权重进行集结得到集结权重，利用主、客观赋权法权重与集结权重之间的贴近度度量主、客观赋权法权重的可信度。

1. 相对熵定义及其性质

定义 7.1[31] 如果 $x_i, y_i > 0, i = 1, 2, 3, \cdots, n$ 且 $1 = \sum_{i=1}^{n} x_i > \sum_{i=1}^{n} y_i$，称 $H(x, y) = \sum_{i=1}^{n} x_i \log_2 \dfrac{x_i}{y_i}$ 为 x 相对于 y 的相对熵。具有的主要性质如下。

(1) $\sum_{i=1}^{n} x_i \log_2 \dfrac{x_i}{y_i} \geqslant 0$。

(2) $\sum_{i=1}^{n} x_i \log_2 \dfrac{x_i}{y_i} = 0$ 的充分必要条件是：$x_i = y_i > 0, i = 1, 2, \cdots, n$。

当 x, y 呈现离散分布时，相对熵可以看作二者符合程度的一个度量。

2. α_k 的确定

设 μ_k 为选用的赋权方法里的一个权向量：

$$\boldsymbol{\mu}_k = (\mu_{k1}, \mu_{k2}, \cdots, \mu_{kn}), \quad k = 1, 2, \cdots, q \tag{7.19}$$

ω_j 为组合权重，α_k 表示第 k 个权向量的可信度，且 $\sum_{k=1}^{q} \alpha_k = 1$，则

$$\omega_j = \sum_{k=1}^{q} \alpha_k \mu_{kj}, \quad j \in n \tag{7.20}$$

定义任意两种赋权方法的权向量：$\boldsymbol{\mu}_i, \boldsymbol{\mu}_j \ (i, j = 1, 2, \cdots, p)$，它们之间的相对熵可以表示为

$$\omega_j = \sum_{k=1}^{q} \alpha_k \mu_{kj}, \quad j \in n \tag{7.21}$$

由相对熵的定义可知，$H(\boldsymbol{\mu}_i, \boldsymbol{\mu}_j) = 0$ 当且仅当 $\forall l \in n$，$\exists \mu_{il} = \mu_{jl}$。因此，相对熵 $H(\boldsymbol{\mu}_i, \boldsymbol{\mu}_j)$ 可用于度量任意两种赋权方法的权向量 $\boldsymbol{\mu}_i, \boldsymbol{\mu}_j$ 的贴近程度，即贴近度。通过数学规划模型 (7.22) 来对各种赋权法权重结果进行集结得到的组合权重求解：

$$
\begin{cases}
\min H(v) = \sum_{j=1}^{q} \sum_{i=1}^{m} v_i \log_2 \dfrac{v_i}{\mu_{ji}} \\[2mm]
\text{s.t.} \sum_{i=1}^{m} \mu_i = 1, \mu_i > 0
\end{cases}
\tag{7.22}
$$

该模型有全局最优解 $w = (w_1, w_2, \cdots, w_m)$，其中

$$
v_i = \frac{\prod\limits_{j=1}^{q} (\mu_{ji})^{\frac{1}{q}}}{\sum\limits_{i=1}^{m} \prod\limits_{j=1}^{q} (\mu_{ji})^{\frac{1}{q}}}
\tag{7.23}
$$

根据模型的全局最优解可以计算得出基于相对熵的组集结权重[32]，下面给出计算第 k 个赋权法权重的可信度 α_k 的步骤。

(1) 从现有的主观和客观赋权法中选取 q 种不同的赋权方法，计算 q 种赋权方法的权重向量：

$$
v_i = \frac{\prod\limits_{j=1}^{q} (\mu_{ji})^{\frac{1}{q}}}{\sum\limits_{i=1}^{m} \prod\limits_{j=1}^{q} (\mu_{ji})^{\frac{1}{q}}}
\tag{7.24}
$$

(2) 根据式 (7.19) 和式 (7.21) 建立最优化模型，利用式 (7.25) 得出组合权重：

$$
w = (w_1, w_2, \cdots, w_m)
\tag{7.25}
$$

(3) 计算权重和组合权重的贴近度：

$$
h(\mu_i, \omega), \quad i = 1, 2, \cdots, q
\tag{7.26}
$$

(4) 根据步骤 (3) 中的贴近度，计算 q 种赋权法权重的可信度。第 k 个赋权法权重与组合权重的贴近度值越大，则其在组合赋权中的作用也就越大[33]，它的可信度可以表示为

$$
\alpha_i = \frac{h(\mu_i, \omega)}{\sum\limits_{i=1}^{q} h(\mu_i, \omega)}
\tag{7.27}
$$

由上述步骤可以计算出各赋权法权重的可信度 α_i，代入公式 $\omega_j = \sum\limits_{k=1}^{q} \alpha_k \mu_{kj}$ 中可以算出组合权重。

针对云计算开放环境下的安全问题，为有效分析用户不可信行为和异常行为，

实现对用户行为信任的科学量化评估，综合考虑信任评估的动态性，提出一种基于相对熵的组合赋权法用户行为信任评估，这种方法是建立在基于用户行为信任评估的模型之上的。对选用的赋权法也给出了详细的介绍。

7.5　模型的实现与验证

为了验证评估模型的科学性、可操作性和有效性，我们在实验室的服务器上搭建了云计算机应用平台，本章选用的云计算应用平台是网络提供的开源的UCenterHome 和 PHPDisk 应用软件，入侵检测系统软件使用的是萨客嘶入侵检测软件（Sax）。

实验流程图如图 7.6 所示。

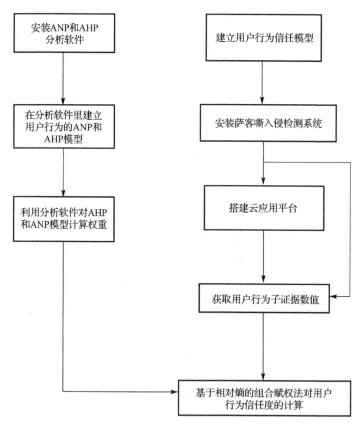

图 7.6　实验流程图

7.3 节我们介绍了用户行为证据的获取、表示类型、规范化，7.4 节我们详细介绍了基于用户行为的信任评估模型和实现该模型所选用的赋权法，这些都为 7.5 节的实验做好铺垫。从图 7.6 中可以很清晰直观的了解实验所使用的工具和实验的流程。

7.5.1　实验平台搭建

利用 10 台服务器搭建云计算实验平台, 选取其中 6 台服务器作为计算与管理节点, 其中 1 台作为安装云应用平台的主节点, 剩下的 5 个为子节点, 每台服务器上装有 XP 和 Ubuntul12.04 操作系统。它们的配置如下: 内存设置为 2GB, 硬盘容量为 40GB, CPU 主频为 1.2GHz, 如表 7.5 所示。

表 7.5　服务器配置表

实验环境	实验配置
硬盘	40GB
内存	2GB
操作系统	XP/Ubuntul12.04
Hadoop	1.0.3

安装系统软件完成后要对每台服务器的 IP 进行配置, 在使用方便的情况下 IP 地址配置如表 7.6 所示。

表 7.6　服务器的网络配置

主机名	IP 地址
Master	10.129.64.100
Slave1	10.129.64.101
Slave2	10.129.64.102
Slave3	10.129.64.103
Slave4	10.129.64.104
Slave5	10.129.64.105

实验环境部署完毕后, 下一步要安装 Hadoop 平台, 它由两部分组成[34], 一部分为分布式文件系统 HDFS, 它负责数据文件存储、统一调度和管理。另一部分是 MapReduce 计算模型[35], 主要负责分布式应用、汇总和提供数据分割等功能。从分布式文件系统 HDFS 来看, 节点分为 NameNode 和 DataNode 两种, 其中 NameNode 节点只有一个, DataNode 节点可有若干个。从 MapReduce 计算模型来看, 节点可以分为 JobTracker 节点和 TaskTracker 节点, JobTracker 节点只有一个, 而 TaskTracker 节点可以有若干个。NameNode 和 JobTracker 可以部署在同一台机器上, 也可以部署在不同机器上。我们将 NameNode 和 JobTracker 部署在同一台机器上, 部署如表 7.7 所示。

表 7.7　Hadoop 部署情况

HDFS	MapReduce	IP 地址
NameNode	JobTracker	10.129.64.100
DataNode	TaskTracker	10.129.64.101
DataNode	TaskTracker	10.129.64.102
DataNode	TaskTracker	10.129.64.103
DataNode	TaskTracker	10.129.64.104
DataNode	TaskTracker	10.129.64.105

7.5.2　获取用户行为证据基础数据

在 7.3 节我们介绍了用户行为证据的获取、表示类型和规范化，本实验在这个基础上，利用已有的入侵检测软件——萨客嘶入侵检测系统与专家意见及推理等方法相结合，获取用户行为证据的子证据基础数据。萨客嘶入侵检测软件正常检测效果图如图 7.7 所示。

图 7.7　萨客嘶入侵检测软件

通过在实验云盘上注册账户，然后对注册用户模拟影响各种行为信任的用户行为，收集处理用户行为证据基础数值，并根据 7.3 节的式(7.2)和式(7.3)对基础数据进行规范化，规范化后的数据如表 7.8 所示。

表 7.8　用户行为规范化数据

	用户 1	用户 2	用户 3	用户 4	用户 5
P_{11}	0.4286	0.2858	1.0000	0.0000	0.7143
P_{12}	0.6667	0.3333	1.0000	0.0000	0.6667
P_{13}	0.7692	0.0000	0.8462	0.2308	1.0000
P_{14}	0.3333	0.6667	1.0000	0.3333	0.0000
P_{21}	0.6667	0.5556	1.0000	0.0000	0.7778
P_{22}	0.4286	0.4286	1.0000	0.0000	0.7146
P_{23}	0.4286	0.0000	0.4286	0.1429	1.0000
P_{24}	0.6667	0.3333	1.0000	0.0000	0.8333

7.5.3　用户行为权重计算

用户行为权重的计算，主观赋权法 AHP 和 ANP 可以借助软件来计算，AHP 赋权法借用 yaahp 软件来计算，yaahp 软件提供了强大的应用功能，它可以构建用户行为信任模型，还可以计算用户行为的权重。首先是利用软件 yaahp 建立用户行为信任模型，如图 7.8 所示。

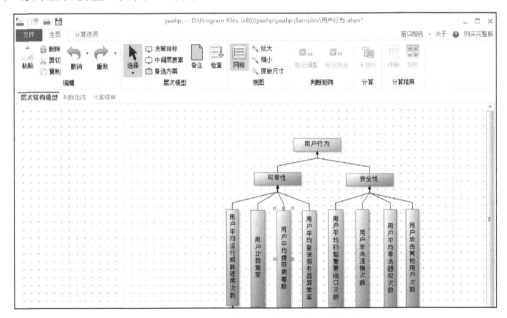

图 7.8　yaahp 建立用户行为信任模型

建立好用户行为信任模型后，对准则层的安全性和可靠性两两比较，计算出比较矩阵如图 7.9 所示。

然后对标准层下可靠性的指标两两比较，比较后的矩阵如图 7.10 所示。

用户行为 (一致性比例: 0.0000; 对"用户行为"的权重: 1.0000; λmax: 2.0000)			
判断矩阵			
用户行为	可靠性	安全性	Wi
可靠性	1.0000	0.3333	0.2500
安全性	3.0000	1.0000	0.7500

图 7.9　可靠性和安全性比较矩阵

可靠性 (一致性比例: 0.0039; 对"用户行为"的权重: 0.2500; λmax: 4.0104)				
判断矩阵				
可靠性	用户...	用户I...	用户...	用户...	Wi
用户平均运行...	1.0000	2.0000	0.5000	2.0000	0.2830
用户IP异常率	0.5000	1.0000	0.3333	1.0000	0.1411
用户平均携带...	2.0000	3.0000	1.0000	3.0000	0.4547
用户平均登陆...	0.5000	1.0000	0.3333	1.0000	0.1411

图 7.10　标准层下可靠性指标两两比较矩阵

同样按照上述方法，标准层下安全性指标两两矩阵比较，我们可以得到模型的权重分布图，如图 7.11 所示。

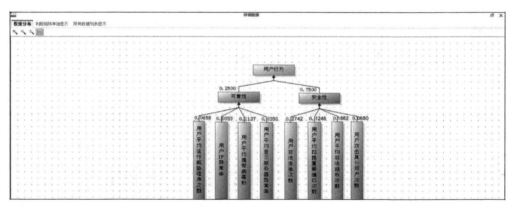

图 7.11　用户行为信任模型权重分布图

对于客观赋权法，我们根据收集到的用户行为规范化数据，利用 7.4 节中给出的变异系数计算权重公式和熵权法计算权重公式得出客观权重值。主观和客观权重值如表 7.9 所示。

表 7.9　评价指标权重

	AHP 法	ANP 法	熵权法	变异系数法	集结权重
P_{11}	0.0658	0.1836	0.1630	0.1308	0.1367
P_{12}	0.0353	0.0666	0.1104	0.1176	0.0802
P_{13}	0.1137	0.1431	0.1239	0.1189	0.1343

续表

	AHP 法	ANP 法	熵权法	变异系数法	集结权重
P_{14}	0.0353	0.1067	0.1271	0.1341	0.0966
P_{21}	0.2742	0.1354	0.0944	0.1025	0.1665
P_{22}	0.1246	0.0931	0.1105	0.1192	0.1200
P_{23}	0.1862	0.0733	0.1584	0.1578	0.1486
P_{24}	0.0650	0.1942	0.1124	0.1191	0.1230

将表 7.9 中的各赋权法的权重代入式 (7.22) 中求得各指标的集结权重:

$$w_1 = 0.1367, \quad w_2 = 0.0802, \quad w_3 = 0.1343, \quad w_4 = 0.0966$$
$$w_5 = 0.1665, \quad w_6 = 0.1200, \quad w_7 = 0.1486, \quad w_8 = 0.1203$$

各种赋权法的权重与集结权重 w 的贴近度 $h(\mu_i, \omega)(i = 1, 2, 3, 4)$:

$$h(\mu_1, \omega) = 0.0105, \quad h(\mu_2, \omega) = 0.0467, \quad h(\mu_3, \omega) = 0.0262, \quad h(\mu_4, \omega) = 0.0239$$

利用式 (7.27) 计算可信度 $\alpha_k (k = 1, 2, 3, 4)$:

$$\alpha_1 = 0.0979, \quad \alpha_2 = 0.4770, \quad \alpha_3 = 0.2442, \quad \alpha_4 = 0.2227$$

再由式 (7.20) 计算得到组合权重 w, 即

$$w = (0.1630, 0.0884, 0.1361, 0.1153, 0.1373, 0.1101, 0.1270, 0.1530)$$

7.5.4　模糊综合信任评价

首先要建立模糊隶属度函数, 本章采用模糊隶属度三角函数。构造完模糊隶属度三角函数后, 将用户行为信任层次中每一个指标转换成一个模糊隶属度, 构成用户信用模糊评价的单因素评价集。评语等级如表 7.10 所示。

表 7.10　评语等级

不信任	较不信任	一般信任	较信任	信任
≥20	[15,20)	[10,15)	(5,10)	[0,5)

以用户平均扫描重要端口次数 P_{21} 为例构建模糊隶属度三角函数:

$$f_1(P_{21}) = \begin{cases} 0, & (0,18] \\ \dfrac{P_{13} - 18}{20 - 18}, & (18,20) \\ 1, & [20, +\infty) \end{cases} \tag{7.28}$$

$$f_2(P_{21}) = \begin{cases} \dfrac{P_{13} - 13}{18 - 13}, & [13,18) \\ \dfrac{20 - P_{13}}{20 - 18}, & [18,20) \\ 0, & 其他 \end{cases} \tag{7.29}$$

$$f_3(P_{21}) = \begin{cases} \dfrac{P_{13}-8}{13-8}, & [8,13) \\ \dfrac{18-P_{13}}{18-13}, & [13,18) \\ 0, & \text{其他} \end{cases} \tag{7.30}$$

$$f_4(P_{21}) = \begin{cases} \dfrac{P_{13}-5}{13-8}, & [5,8) \\ \dfrac{13-P_{13}}{13-8}, & [8,13) \\ 0, & \text{其他} \end{cases} \tag{7.31}$$

$$f_5(P_{21}) = \begin{cases} 1, & [0,5) \\ \dfrac{8-P_{13}}{8-5}, & [5,8) \\ 0, & \text{其他} \end{cases} \tag{7.32}$$

根据构造的模糊隶属度三角函数计算得到用户 1 的单因素模糊隶属度为

P_{11}: $(0,0,0.33,0.67,0)$ P_{21}: $(0,0,0.67,0.33,0)$

P_{12}: $(0,0,1,0,0)$ P_{22}: $(0,0,0,0,1)$

P_{13}: $(0,0.4,0.6,0,0)$ P_{23}: $(0,0,0,0,1)$

P_{14}: $(0,0,0,1,0)$ P_{24}: $(0,0,0,1,0)$

再根据计算出的组合权重和公式 $\boldsymbol{B} = \boldsymbol{AR} = (b_1, b_2, \cdots, b_n)$ 可以得到组合赋权法的用户信任模糊综合评价向量为

$$\boldsymbol{B}_1 = (0, 0.0544, 0.4159, 0.0.2698, 0.0.2271)$$

由最大隶属度原则可知，用户 1 的信任度为一般信任。以同样的方法可以得到其他 4 名用户的模糊综合评价向量和信任，如表 7.11 所示。

表 7.11　组合赋权法模糊综合评价结果

用户	对各级别的隶属度				
	不信任	较不信任	一般信任	较信任	信任
用户 1	0	0.0544	<u>0.4159</u>	0.2698	0.2271
用户 2	0	0.0966	0.0530	<u>0.3245</u>	0.3219
用户 3	0	0.3374	<u>0.4508</u>	0.0406	0.1486
用户 4	0	0	0.0966	0.1343	<u>0.7691</u>
用户 5	0	0.1343	<u>0.5071</u>	0.3590	0

从表 7.11 可以看出，用户 1 的信任级别为一般信任，用户 2 的信任度为较信任，用户 3 的信任度为一般信任，用户 4 的信任度为信任，用户 5 的信任度为一般信任。

7.4 节从科学性、层次性和可操作性的角度出发，本节从可靠性和安全性两个方面来构建用户行为信任层次模型[36]。本节在 7.4 节提出的用户行为信任模型和赋权方法的基础上，通过搭建应用平台和安装相关检测软件对模型对用户行为数据进行收集和处理。通过仿真实验来实现和验证模型，从仿真实验中随机选取 5 个用户。

7.6　本　章　小　结

云计算的发展突飞猛进，面对其开放的运行环境，有效地对云端用户进行信任评估是关键，也是保证安全的基础。对于云安全，既要用户身份真实性验证，又要对用户的行为进行信任评估。身份验证技术虽然已经比较成熟，但是仅用身份验证并不能完全阻止恶意攻击对云资源的破坏，因此对用户行为进行分析评估是有效提升云安全的关键，也是目前云计算研究中的重点之一。针对这个问题，本章提出了云计算环境下基于用户行为信任评价研究，在建立信任评价模型的同时，综合主、客观赋权法的权重信息提出了基于相对熵的组合赋权法，通过最优化数学模型求出加权系数，避免了主观性，模糊综合评价对用户行为信任做出了客观评价。实验部分表明了组合赋权法的科学性和可操作性。本章的主要工作如下。

(1) 收集可信网络和网格计算环境下的用户行为，分析云计算环境与这两种环境的相似地方，确定本章要研究的用户行为的特点，对用户行为进行分类。

(2) 从科学性、层次性和可操作性的角度出发，建立信任评估模型，对用户行为进行定量或者定性的分析，利用行为规范解决用户各行为证据值表示的方法差异问题，将这些数据规范到[0,1]区间内。

(3) 从现有的主观和客观赋权法中选出 4～5 种分别计算权重值，通过相对熵计算各主观和客观赋权法权重的贴近度，根据求得的贴近度确定各赋权法权重在组合权重赋权法中的加权系数。

(4) 采用模糊隶属度三角函数，将用户行为信任层次中每一个指标转换成一个模糊隶属度，构成用户信用模糊评价的单因素评价集，从而对用户信用度进行评价。

本章主要是从云计算环境下用户行为出发，构建用户行为信任模型，计算行为权重，利用综合模糊评价法对用户信用度进行评价。

参 考 文 献

[1] Smith R. Computing in the cloud. Research-Technology Management, 2009, 52(5): 65-68.

[2] 陈全, 邓倩妮. 云计算及其关键技术. 计算机应用, 2009, 9: 2562-2567.

[3] Beth T, Borcherding M, Klein B. Valuation of trust in open network//Proceedings of the European Symposium on Research in Security, 1994: 3-18.

[4] Josang A. The right type of trust for distributed systems//Proceedings of the New Security Paradigms Workshop, 1996: 119-131.

[5] Song S S, Hwang K. Fuzzy trust integration for security enforcement in grid computing. Proceedings of the International Symposium on Network and Parallel Computing, 2005: 9-21.

[6] Theodorakopoulos G, Baras J S. Trust evaluation in ad-hoc networks//Proceedings of the ACM Workshop on Wireless Security, 2004: 1-10.

[7] Theodorakopoulos G, Baras J S. On trust models and trust evaluation metrics for ad-hoc networks. IEEE Journal on Selected Areas in Communications, 2006, 24 (2): 318-328.

[8] Jameel H, Hung L X. A trust model for ubiquitous systems based on vectors of trust values//Proceedings of the 7th IEEE International Symposium on Multimedia, 2005: 674-679.

[9] 李小勇, 桂小林. 可信网络中基于多维决策属性的信任量化模型. 计算机学报, 2009, 32(3): 405-416.

[10] 吕艳霞, 田立勤, 孙珊珊. 云计算环境下基于 FANP 的用户行为的可信评估与控制分析. 计算机科学, 2013, 40(1): 132-135.

[11] 郭树凯, 田立勤, 沈学利. FAHP 在用户行为信任评价中的研究. 计算机工程与应用, 2011, 47(12): 59-61.

[12] 周茜, 于炯. 云计算下基于信任的防御系统模型. 计算机应用, 2011, 31(6):1531-1535.

[13] Takabi H, Joshi J B D, Ahn G J. Security and privacy challenges in cloud computing environments. Security & Privacy, 2010, 8(6):24-31.

[14] Mayer R C, Davis J H, Schoorman D F. An integrative model of organizational trust. The Academy of Management Review, 1995, 20(3): 709-734.

[15] 郭树凯, 田立勤, 沈学利. FAHP 在用户行为信任评价中的研究. 计算机工程与应用, 2011, 12: 59-61.

[16] 吴勇. 网络环境下用户行为研究与实现. 南京: 南京理工大学, 2007.

[17] 冀铁果, 田立勤, 胡志兴, 等. 可信网络中一种基于 AHP 的用户行为评估方法. 计算机工程与应用, 2007, 19: 123-126.

[18] 李小勇, 桂小林, 毛倩, 等. 基于行为监控的自适应动态信任度测模型. 计算机学报, 2009,

32(4)：664-674.

[19] 陈亚睿. 云计算环境下用户行为认证与安全控制研究. 北京：北京科技大学, 2012.

[20] 林闯, 田立勤, 王元卓. 可信网络中用户行为可信的研究. 计算机研究与发展, 2008, 12: 2033-2043.

[21] 窦文. 信任敏感的 P2P 拓扑构造及其相关技术研究. 长沙：国防科学技术大学, 2003.

[22] Tian L Q, Lin C. Kind of quantitative evaluation of user behavior trust using AHP. Journal of Computational Information Systems, 2007, 3(4)：1329-1334.

[23] Feng S, Xu L D. Decision support for fuzzy comprehensive evaluation of urban development. Fuzzy Sets & Systems, 1999, 105(1)：1-12.

[24] 甘早斌, 何建国. 入侵检测系统的多层次模糊综合评价研究. 计算机应用研究, 2006, 4: 90-93.

[25] Ajami S, Ketabi S. Performance evaluation of medical records departments by analytical hierarchy process (AHP) approach in the selected hospitals in isfahan. Journal of Medical Systems, 2012, 36(3)：1165-1171.

[26] Ohnishi S, Yamanoi T. On fuzzy priority weights of AHP for double inner dependence structure. Procedia Computer Science, 2014, 35: 1003-1012.

[27] 刘磊, 王慧强, 梁颖. 基于模糊层次分析的网络服务级安全态势评价方法. 计算机应用, 2009, 29(9)：2327-2331.

[28] 费智聪. 熵权-层次分析法与灰色-层次分析法研究. 天津：天津大学, 2009.

[29] Ma J, Fan Z P, Huang L H. A subjective and objective integrated approach to determine attribute weights. European Journal of Operational Research, 1999, 112: 397-404.

[30] Ahn B S, Choi S H. Aggregation of ordinal data using ordered weighted averaging operator weights. Annals of Operations Research, 2012, 201(1)：1-16.

[31] 刘仁, 卞树檀, 谭营. 相对熵在多指标系统评估中的应用. 四川兵工学报, 2012, 33(5)：116-118.

[32] 刘靖旭, 谭跃进, 蔡怀平. 多属性决策中的线性组合赋权方法研究. 国防科学技术大学学报, 2005, 27(4)：121-124.

[33] 周宇峰, 魏法杰. 基于相对熵的多属性决策组合赋权方法. 运筹与管理, 2006, 5: 48-53.

[34] 王志华, 庞海波, 李占波. 一种适用于 Hadoop 云平台的访问控制方案. 清华大学学报：自然科学版, 2014, 1: 53-59.

[35] Lee D, Kim J S, Maeng S. Large-scale incremental processing with MapReduce. Future Generation Computer Systems, 2014, 36(7)：66-79.

[36] 查财旺. 云计算环境下行为信任模型研究. 大连：大连海事大学, 2011.

第8章 基于CP-ABE多属性授权中心的隐私保护技术

针对云计算环境下用户隐私保护的问题，提出一种新的基于 CP-ABE 多属性授权中心隐私保护（PPMACP-ABE）方案。方案中采用多个属性授权中心代替单一中央授权服务器，避免了由单一中央授权服务器引起的安全性问题。方案设计了一种交互式的密钥生成算法，利用承诺方案和零知识证明方法实现用户密钥获取过程中用户的属性以及全局身份标识不被泄露。安全性分析表明 PPMACP-ABE 方案能够保护用户隐私，并给出了方案的正确性证明，仿真实验结果表明：与 DCP-ABE 方案相比，在保护用户隐私信息的前提下，本方案有较高的效率。

8.1 引 言

随着云计算[1]的发展，存储在云中的数据是否安全是关系到云存储能否发展的关键问题。加密的方法可以有效保证存储在云中的数据安全。本章利用基于属性加密的密文策略（CP-ABE）[2]的加密算法保护云中的数据。CP-ABE 方案是更加灵活有效的加密算法，因为加密者在加密数据时为数据制定相应的访问结构，但是在 CP-ABE 方案中，中央授权服务器 CA 的安全性成为了整个系统的安全瓶颈，因为一旦 CA 遭受攻击，整个系统将会瘫痪。因此，在 Sahai 等的文献[3]最后遗留了一个公开问题，即如何构建一个 ABE 方案，其中私钥能由多个授权方生成，这样用户可以减少对中央授权服务器的信任。之后 Chase[4]给出了一个肯定的回答。但是在 Chase 的方案中，如何抵抗用户合谋攻击是一个难题，为了克服这个难题，引出了全局身份标识（global identity，GID）的概念，通过每个用户的 GID 与对应的私钥进行绑定抵抗合谋攻击。但是本方案需要一个中央授权服务器。

Hur 等[5]于 2013 年提出将密钥生成中心进行拆分，多个机构之间进行交互式计算，共同生成用户私钥。其优点是，任一密钥生成机构无法获得全部密钥，不能解密密文，以消除不可信第三方密钥生成机构问题。但带来的缺点是，增加了用户端的计算量，降低了执行效率。

Lin 等[6]通过利用分布式密钥产生协议[7]（distributed key generation protocol，DKG）和联合零秘密共享协议[8]（joint zero secret sharing protocol，JZSS）提出了一种 MA-ABE 方案，其中不需要中央授权服务器。为了进行系统初始化，多个授权服务器必须协同工作，并各自运行 2 次 DKG 和 k 次 JZSS，其中 k 是每个授权服务器所对应多项式的次数。每个授权服务器必须要维护 $k+2$ 个密钥。这个方案只有当合谋攻击用户的数量少于 k 时才是安全的，并且 k 的值在系统初始化的时候就确定了。此方案的授权方计算量过大，而且系统的性能会随着属性数量的增长而不断退化。

Liu 等[9]提出了一种在标准化模型下完全安全的多授权中心 CP-ABE 方案，此方案有多个中心授权服务器和多个属性授权服务器。中心授权服务器负责给用户发行与身份相关的密钥，属性授权服务器为用户发行属性相关的密钥，在获得属性相关密钥之前，用户必须先从中心授权服务器获得私钥。但这个方案是在复合顺序线性群组中设计的。

Lekwo 等[10]提出了一种新的去中心化的 CP-ABE 方案（DCP-ABE），改变了之前需要多个授权服务器合作才能进行系统初始化的情况。此方案中，多个授权服务器在系统初始化和密钥产生阶段不需要合作，并且也不需要中心授权服务器。任何一个授权服务器都可以自由加入或离开本系统，而且不需要重新进行系统初始化。这个系统是在复合顺序线性群组上构建的，并在随机预言模型中实现了安全性。但是本方案中的授权服务器能够通过追踪用户的 GID 来收集用户属性。

上述多个方案并没有有效保护用户隐私，因此，通过参考上述方案，本章提出了 PPMACP-ABE 方案，方案是在 DCP-ABE 模型之上进行的，设计交互式密钥生成算法 IAKeyGen，在用户向多个 AA 进行密钥获取时，有效保护用户的属性以及 GID，进而实现了用户隐私的保护。

8.2　预　备　知　识

定义 8.1（双线性映射）　若设 G，G_r 是两个阶为素数 q 的群，g 为 G 的一个生成元，存在映射 $e: G \times G \to G_r$，当 e 为双线性映射时，其有如下性质。

（1）双线性：即 $\forall u, v \in G, a, b \in Z, e(g^a, g^b) = e(g, g)^{ab}$。

（2）非退化性：$e(g, g) \neq 1_x$，其中 1_x 是群 G_r 的标识。

（3）可计算性：对任意 $u, v \in G$，存在有效的算法计算出 $e(u, v)$。

定义 8.2（访问结构）　设 $P = \{P_1, P_2, \cdots, P_n\}$ 是所有属性的集合，访问结构 A 是 $\{P_1, P_2, \cdots, P_n\}$ 的非空子集，即 $A \in 2^{\{P_1, P_2, \cdots, P_n\}} / \{\Phi\}$，则 A 作为一个判断条件：在 A 中的集合为授权集合，否则，为非授权结合。

定义 8.3（线性秘密共享）

设 p 为一有限集合，Z_p 为素数域，一个基于集合 P 的秘密共享方案 Π 如果满足下列属性，则称为线性的。

（1）一方共享的值构成基于 Z_p 上的一个向量。

（2）对于 Π，存在一个 1 行 n 列的矩阵 M 称为共享生成矩阵。对于 $x=1,2,\cdots,l$，第 i 行用 $\rho(i)$ 表示。其中 $\rho:\{1,2,\cdots,l\}\rightarrow Z_p$，当一个向量 $v=(s,v_2,\cdots,v_n)$，其中 $s\in Z_p$ 是要共享的秘密值，$v_2,\cdots,v_n\in Z_p$ 为随机值，那么 Mv 即为将 s 共享为 1 份共享值所组成的向量。$\rho(i)=M_i v$ 表示第 i 个实体得到的共享值，M_i 表示 M 的第 i 行。

8.3　PPMACP-ABE 方案

本方案一共包括四类实体：数据拥有者（data owner，DO）、云服务提供商（cloud service，CS）、多个属性授权方（attribute authority，AA）和用户。系统模型图如图 8.1 所示。

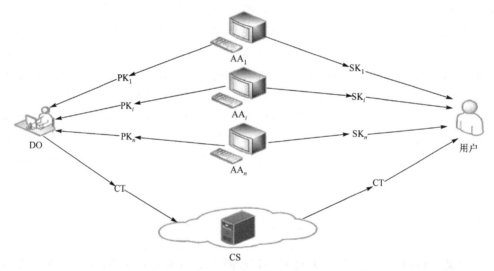

图 8.1　系统模型图

DO 首先为将要上传的明文 M 制定相应的访问策略 T，并从多个属性授权服务器获取多个公钥 PK_i，利用 T 和 PK_i 对明文 M 进行加密得到密文 CT，并将 CT 上传到 CS。当用户从 CS 下载到 CT，并且想要对密文 CT 进行解密时，用户会向多个 AA 提交自己的属性集得到相应的私钥 SK_i，当 SK_i 中的属性集合满足了密文 CT 中的访问策略 T，能够将秘密值成功恢复时，解密成功。

本方案由下列算法构成。

8.3.1　系统初始化算法 Setup

初始化算法分为系统初始化 Global Setup 和属性授权服务器初始化 Authority Setup。

Global Setup$(1^k) \to$ params。全局初始化算法：设本方案中共有 N 个属性授权服务器 $\{A_1, A_2, \cdots, A_n\}$，每一个属性授权服务器 A_i 监管一组属性 $B_i\{b_{i,1}, b_{i,2}, \cdots, b_{i,n}\}$，其中一个属性值满足：$b_{ij} \in Z_p (i = 1, 2, \cdots, N, j = 1, 2, \cdots, q_i)$。

每个用户拥有唯一的全局身份标识 GID_u 并有一组属性 U。本算法输入安全参数 1^k，输出线性组 (e, p, G, G_r)，其中 g，h，f 为 G 的生成元，则公共参数为

$$params = (g, h, f, e, p, G, G_r)$$

Authority Setup$(1^k) \to (SK_i, PK_i)$。授权服务器初始化算法：每个属性授权服务器生成各自的密钥对 (SK_i, PK_i)。每个属性授权服务器 A_i 任选 $\alpha_i, \beta_i, \gamma_i, x_i \in Z_p$。

计算：$H_i = e(g, g)^{\alpha_i}, A_i = g^{x_i}, B_i = g^{\beta_i}, \Gamma^1 = g^{\gamma_i}, \Gamma^2 = h^{\gamma_i} (i = 1, 2, \cdots, N)$。对于 A_i 中的每一个属性 $b_{i,j}$，A 任选 $z_{i,j} \in Z_p$，并计算 $Z_{i,j} = g^{z_{i,j}}, T_{i,j} = h^{z^{i,j} \frac{1}{g^{\eta + \alpha_{i,j}}}}$。

然后 A_i 发表公钥 $PK_i = \{H_i, A_i, B_i, (\Gamma^1, \Gamma^2), (T_{i,j}, z_{i,j}) b_{i,j} \in B\}$，同时保留主密钥：$SK_i = \{\alpha_i, \beta_i, \gamma_i, a_i, (z_{i,j}) b_{i,j} \in B\}$。

8.3.2 密文生成算法 Encrypt

$$Encrypt(params, M, (M_i, \rho_i, PK_i)_{i \in I}) \to CT$$

I 是一组属性授权服务器的集合，并且 I 中的属性授权服务器所监管的属性会用来加密明文 M。对于 $j \in I$，加密算法首先选择访问结构 (M_j, ρ_i) $v = (s_j, v_{j,2}, \cdots, v_{j,nj})$，其中 $s_j, v_{j,2}, \cdots, v_{j,nj} \in Z_p$，$M_j$ 是一个 $l_j \times n_j$ 矩阵，计算 $\lambda_{i,j} = M_j^i v_j$，其中 M_j^i 是 M_j 的第 i 行，最后任选 $r_{j,1}, r_{j,2}, \cdots, r_{j,1j} \in Z_p$，计算：

$$((C_{j,1} = g^{x_j \lambda_{j,1}} Z_{\rho_{j(1)}}^{-r_{j,1}}, D_{j,1} = g^{r_{j,1}}), \cdots, (C_{j,l_j} = g^{x_j \lambda_{j,l_j}} Z_{\rho_{j(l_j)}}^{-r_{j,l_j}}, D_{j,l_j} = g^{r_j,l_j}))_{j \in I}$$

得到密文：

$$CT = \{C_0, (X_j, Y_j, E_j (C_{j,1}, D_{j,1}), \cdots, (C_{j,lj}, D_{j,lj}))_{j \in I}\}$$

随后 DO 将产生的密文 CT 上传到云服务器 CS 上。

8.3.3 交互式密钥生成算法 IAKeyGen

（1）IAKeyGen 中使用的承诺方案[11]由下列几个算法构成。

① Setup$(1^k) \to$ params：这个算法输入安全参数 1^k，输出公共参数 params。

② Commit$(params, m) \to (com, decom)$。本算法输入公共参数 params 和数据 m，输出承诺 com 和解承诺 decom。decom 能够从 com 中解出 m。

③ Decommit$(params, m, com, decom) \to \{0, 1\}$。本算法输入公共参数 params、数

据 m、承诺 com 和解承诺 decom。如果 decom 能够从 com 中解出 m，则输出 1，否则输出 0。

一个承诺方案必须满足两种属性：隐藏性和绑定性。

隐藏性：要求用户在解密出数据 m 之前，m 一直都是隐藏的。

绑定性：要求只有 decom 才能从 com 中解密出数据 m。

（2）IAKeyGen 算法。

当用户从 CS 下载到 CT 并且要对 CT 进行解密时，用户与多个属性授权中心执行算法：

$$\text{IAKeyGen}(U(\text{params}, \text{GID}_U, \tilde{U}, \text{PK}_i, \text{decom}_i, (\text{decom}_{i,j}))_{b_{i,j} \in \tilde{U} \cap \tilde{A}} \leftrightarrow$$

$$\hat{A}_i(\text{params}, \text{SK}_i, \text{PK}_i, \text{com}_i, (\text{com}_{i,j})_{b_{i,j} \in \tilde{U} \cap \tilde{A}})) \rightarrow (\text{SK}_U^i, \text{empty})$$

首先用户利用授权标签 $T_{i,j}$ 向每一个参与加密的 AA 进行授权认证：

$$T_{i,j} = h^{z_{i,j}} g^{\frac{1}{\gamma_i + b_{i,j}}}$$

其中，γ_i 是 $\tilde{A}_i$ 的密钥中的一部分；$T_{i,j}$ 可以在不泄露属性 $b_{i,j}$ 的前提下，使 AA 相信此用户拥有属性 $b_{i,j}$。然后用户 U 执行承诺方案，对 GID_U 和属性 $b_{i,j}$ 进行承诺，即

$$\text{Commit}(\text{params}, b_{i,j}) \rightarrow (\text{com}_{i,j}, \text{decom}_{i,j})_{b_{i,j} \in \tilde{A}_i \cap \tilde{U}}$$

$\text{Commit}(\text{params}, \text{GID}_U) \rightarrow (\text{com}_i, \text{decom}_i)$，并将 $(\text{com}_i, (\text{com}_{i,j})_{b_{i,j} \in \tilde{U} \cap \tilde{A}_i})$ 发送给 AA，通过零知识证明向 AA 申请私钥，此时

用户 U 输入：$(\text{params}, \text{GID}_U, \tilde{U}, \text{PK}_i, \text{decom}_i, (\text{decom}_{i,j})_{b_{i,j} \in \tilde{A}_i \cap \tilde{U}})$。

属性授权服务器 $\tilde{A}_i$ 输入：$(\text{params}, \text{SK}_i, \text{PK}_i, \text{com}_i, (\text{com}_{i,j})_{a_{i,j} \in \tilde{A}_i \cap \tilde{U}})$。

当解承诺

$$\text{Decommit}(\text{params}, \text{GID}_U, \text{com}_i, \text{decom}_i) = 1$$

$$\text{Decommit}(\text{params}, a_{i,j}, \text{com}_{i,j}, \text{decom}_{i,j}) = 1$$

同时成立时，$\tilde{A}_i$ 任选 (c_u, e_u)，U 任选 (d_1, k_2)，双方进行安全双方计算[12]得到：$w_{U,i} = e_u d_1, t_{U,i} = c_u / k_2$，$\tilde{A}_i$ 利用得到的参数，计算：

$$K_i = g^{\alpha_i} g^{x_i w_{U,i}} f^{t_{U,i}} f^{\beta_{i+\mu} / t_{U,i}}, P_i = g^{w_{U,i}}, L_i = g^{t_{U,i}}$$

$$L_i' = h^{t_{U,i}}, R_i = g^{1/t_{U,i}}, R_i' = h^{1/t_{U,i}}, (F_x = Z_x^{\omega_{U,i}})_{a_x \in \tilde{A}_i \cap \tilde{U}}$$

得到私钥：$\text{SK}_U^i = \{K_i, P_i, L_i, L_i', R_i, R_i', (F_x)_{a_x \in \tilde{U} \cap \tilde{A}}\}$，并发送给用户。否则，算法终止。

8.3.4 解密算法 Decrypt

合法用户对 CT 进行解密:

$$\frac{C_0 \cdot \Pi_{j \in I} e(L_i, X_i) \cdot e(R_j, E_j) \cdot e(R_j, Y_j)^{\mu}}{\Pi_{j \in I} e(K_j, X_j)} \cdot \Pi_{j \in I} \Pi_{i=1}^{l_j} (e(C_{j,i}, P_j) \cdot e(D_{j,i}, F_{\rho_j(i)}))^{w_{j,i}} = M$$

8.4 方案的正确性与安全性

8.4.1 方案的正确性

通过下面的数学推导,可以证明本方案的正确性:

$$\Pi_{j \in I} e(K_j, X_j) = \Pi_{j \in I} e(g^{\alpha_j} g^{x_j w_{U,j}} f^{t_{U,j}} f^{\beta_{j+\mu}/t_{U,j}}, g^{s_j})$$

$$= \Pi_{j \in I} e(g,g)^{\alpha_j s_j} \cdot e(g,g)^{x_j w_{U,j} s_j} \cdot e(g,f)^{t_{U,j}} \cdot e(g,f)^{\beta_j s_j / t_{U,j}} \cdot e(g,f)^{\mu s_j / t_{U,j}}$$

$$\Pi_{j \in I} e(R_j, E_j) \cdot e(R_j, Y_j)^{\mu} = \Pi_{j \in I} e(g^{1/t_{U,j}}, B_j^{s_j}) \cdot e(g^{1/t_{U,j}}, f^{s_j})^{\mu}$$

$$= \Pi_{j \in I} e(g^{1/t_{U,j}}, f^{\beta_j s_j}) \cdot e(g^{1/t_{U,j}}, f^{s_j})^{\mu}$$

$$= \Pi_{j \in I} e(g,f)^{\beta_j s_j / t_{U,j}} \cdot e(g,f)^{\mu s_j / t_{U,j}}$$

$$\Pi_{j \in I} e(L_j, X_j) = e(g,g)^{t_{U,j} s_j}$$

$$\Pi_{j \in I} \Pi_{i=1}^{l_j} (e(C_{j,i}, P_j) \cdot e(D_{j,i}, F_{\rho_j(i)}))^{w_{j,i}} = \Pi_{j \in I} \Pi_{i=1}^{l_j} (e(g^{g^{x_j \lambda_{j,i}}} Z_{\rho_j(i)}^{-r_{j,i}}, g^{w_{U,j}}) \cdot e(g^{r_{j,i}}, Z_{\rho_j(i)}^{w_{U,j}}))^{w_{j,i}}$$

$$= \Pi_{j \in I} e(g,g)^{x_j w_{U,j}} \sum_{i=1}^{l_j} w_{j,i} \lambda_{j,i} = \Pi_{j \in I} e(g,g)^{x_j w_{U,j} s_j}$$

所以

$$\frac{C_0 \cdot \Pi_{j \in I} e(L_j, X_j) \cdot e(R_j, E_j) \cdot e(R_j, Y_j)^{\mu}}{\Pi_{j \in I} e(K_j, X_j) \cdot \Pi_{j \in I} \Pi_{i=1}^{l_j} (e(C_{j,i}, P_j) \cdot e(D_{j,i}, F_{\rho_j(i)}))^{w_{j,i}}} = M$$

证明了本方案的正确性。

8.4.2 方案的安全性分析

通过以下游戏来定义本方案的安全模型,其是在挑战者和敌手 A 之间进行的。
初始化阶段:敌手 A 提交一组恶意属性授权方的列表 $B = \{B_i\}_{i \in I}$ 和一组访问结构 $A = \{M_i^{\mu}, \rho_i^{\mu}\}_{i \in I^*}$,其中 $I \in \{1, 2, \cdots, N\}$,$I^* \in \{1, 2, \cdots, N\}$,应该至少存在一个访问结构 $\{M^*, \rho^*\} \in A$ 不能被 B 所监管的属性所满足,敌手 A 也不能通过其获取密钥。

Global Setup 阶段:挑战者运行本算法产生公共参数 params,并发送给敌手 A。

Authority Setup 阶段：存在两种情况。

（1）对于属性授权服务器 $B_i \in B$，挑战者运行本算法生成公私钥对 (PK_i, SK_i)，并把它们发送给敌手 A。

（2）对于属性授权服务器 $B_i \notin B$，挑战者运行此算法生成公私钥对 (PK_i, SK_i)，并把 PK_i 送给敌手 A。

第一阶段：敌手 A 询问用户 U 的 GID 和一组属性集生成的密钥。挑战者运行 KeyGen 算法生成 SK_u，并发送给敌手 A，本次询问具有自适应性及可重复性。

挑战阶段：敌手 A 提交两份相同长度的信息 M_0 和 M_1，挑战者在 $\{0,1\}$ 上随机掷币：得到 $b \in \{0,1\}$。然后挑战者运行 $\text{Encrypt}(params, M_b, (M_i^*, \rho_i, PK_i)_{i \in I^*})$。

产生被挑战的密文 CT^* 发送给敌手 A。

第二阶段：重复第一阶段。

猜测阶段：A 输出他的猜测值 b'，若 $b' = b$，则敌手 A 赢得游戏。

如果不存在任何多项式时间内的敌手能以不可忽略的优势猜测出挑战者的随机掷币，那么本方案是安全的。

8.5　仿真实验

实验环境：VMware Workstation 12.0.0 虚拟机平台，部署多台 64 位 Cent 操作系统，4GB 内存。实验中文件大小为 100KB，并利用 CP-ABE 工具包[13]实现仿真实验，并与文献[10]中的 DCP-ABE 方案进行对比。

通过与 DCP-ABE 方案在参数生成时间、加密算法以及解密算法所耗费的时间进行对比分析。图 8.2 表示 AA 数量的不同，两方案在参数生成阶段所需要的时间。随着 AA 数量的增加，本方案所消耗的时间更少。

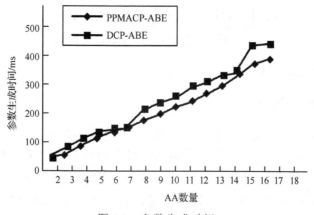

图 8.2　参数生成时间

加密与解密的耗时对比如图 8.3 和图 8.4 所示,图中表示当密文中的属性个数增加时, 用户的加密解密时间也会增长, 本方案在实现隐私保护的同时, 在时间上的消耗上与 DCP-ABE 方案相近。

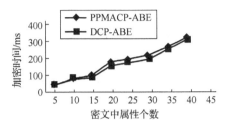

图 8.3　密文中不同属性个数与加密时间

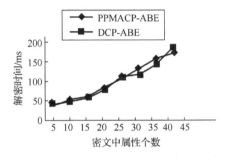

图 8.4　密文中不同属性个数与解密时间

在密钥产生阶段,由于需要 AA 和用户之间进行交互式计算,所以与 DCP-ABE 相比, 本方案在密钥产生阶段的用户一端增加了计算量, 设密文中的属性个数为 n, 则客户端的计算量数量级为 $O(n)$, 增加的计算量在可接受范围之内。

8.6　本 章 小 结

CP-ABE 方案在云存储环境下有着重要的应用, 但系统中 CA 的安全性是整个系统的安全瓶颈。本章提出的 PPMACP-ABE 方案的目的在于保护云存储环境中用户的隐私。采用交互式算法, 利用承诺方案和零知识证明等技术实现了在多个 AA 模型下对用户的属性和 GID 的保护, 在合理的计算量范围内提高了系统的安全性, 适用于对安全性要求较高的云存储系统。

参 考 文 献

[1] Mell P, Grance T. The NIST definition of cloud computing. Communications of the ACM, 2011, 53(6): 50.

[2] Bethencourt J, Sahai A, Waters B. Ciphertext-policy attribute-based encryption//Proceedings of the IEEE Symposium on Security and Privacy, 2007: 321-334.

[3] Sahai A, Waters B. Fuzzy identity based encryption. Lecture Notes in Computer Science, 2005, 3494: 457-473.

[4] Chase M. Multi-authority attribute based encryption. Lecture Notes in Computer Science, 2007, 4392: 515-534.

[5] Hur J, Koo D, Hwang S O, et al. Removing escrow from ciphertext policy attribute-based encryption. Computers & Mathematics with Applications, 2013, 65(9): 1310-1317.

[6] Lin H, Cao Z, Liang X, et al. Secure threshold multi authority attribute based encryption without a central authority. Information Sciences, 2008, 180(13): 2618-2632.

[7] 王小英. 基于椭圆曲线密码的分布式密钥生成协议与应用. 成都: 西华大学, 2007.

[8] 孙昌霞, 马文平, 陈和风. 可证明安全的无中心授权的多授权属性签名. 电子科技大学学报, 2012, 41(4): 552-556.

[9] Liu Z, Cao Z, Huang Q, et al. Fully secure multi-authority ciphertext-policy attribute-based encryption without random oracles. Lecture Notes in Computer Science, 2011, 6879:278-297.

[10] Lewko A, Waters B. Decentralizing attribute-based encryption//Proceedings of the The 30th Annual International Conference on the Theory and Applications of Cryptographic Techniques, 2011: 568-588.

[11] 张宗洋. 新的承诺方案设计及应用. 上海: 上海交通大学, 2008.

[12] 李禾, 王述洋. 关于除法的安全双方计算协议. 计算机工程与应用, 2010, 46(6): 86-88.

[13] Bethencourt J, Sahai A, Waters B. Advanced crypto software collection:the cpabe toolkit. http://acsc.cs.utexas.edu/cpabe/.

第9章 基于多 KGC 和多权重访问树的属性访问控制方案

在云计算环境下，如何保护数据共享访问时的安全与隐私是目前所面临的主要挑战之一。传统的安全机制，其安全性依赖于用户对云服务提供商信任，不适用于复杂的云计算环境。

传统的对称密钥加密和非对称密钥加密机制虽然能够实现数据加密，但实现起来计算量大，效率低，访问控制粒度粗，授权缺乏灵活性，因此传统的对称加密和非对称加密技术无法兼顾安全性与效率的问题。在属性基加密体制的基础上提出的基于密文策略的属性加密技术结合了加密和访问控制技术的优点，能够有效应对云数据共享访问时的安全与隐私保护问题，但现有的密文策略属性基加密机制也存在一些明显的缺点，如依赖单一可信的密钥产生中心，密钥的分发和管理上存在安全隐患，在属性数量较大时所需计算和存储开销较大，属性撤销时管理效率低，并且对数据拥有者来说，很难制定灵活的细粒度访问控制授权策略，因此在访问控制策略、访问结构树设计、属性加密方案等的研究和改进上，国内外有不少学者都提出了一些新的方案和模型。

文献[1]设计了 DAC-MACS 方案，该方案利用解密外包将复杂的双线性映射操作移交给云服务提供商处理，提高了解密效率问题，但是其在属性撤销方面需要大量的计算，管理效率低。

文献[2]设计了一种面向云存储环境的数据访问匿名控制方案 AnonyControl，通过匿名访问控制来保护用户数据的隐私问题，但是该方案可能导致在属性撤销后，某合法用户仍有相应的权限，还能对解密后的明文再次加密，导致系统可能发生数据泄露。

文献[3]采用将属性划分的思想，构造多个属性子集，加密方案采用多授权认证中心，不同用户的属性子集被不同的授权认证中心管理并根据用户属性生成局部私钥，用户的安全性增强了，但该方案并没有设计灵活的访问结构以进行细粒度的访问控制授权。

文献[4]所提出的方案中引入了密钥分配中心 KDC 对属性和密钥进行管理，但该方案只是采用单密钥分配中心，存在安全隐患，一旦 KDC 被攻击，则会导致大量用户属性和密钥泄露，针对云计算环境下的海量用户，单 KDC 会导致系统瓶颈，系统性能低下，而且还存在算法的计算效率不高等问题。

文献[5]所提出的方案的优点是在密文中隐藏访问结构，但该方案不支持属性的动态更新和属性撤销等情形。冯涛等[6]设计了一种采用多授权方的属性加密方案，但是该方案在某用户属性发生变化时，只能撤销该用户的所有权限，并进行重新授权，而不能仅撤销某个属性，所以它实现的是用户层面的撤销而不是属性层面的撤销，是粗粒度的访问控制。

文献[7]和[8]分别采用与门和树形结构表示访问控制策略，并基于一般的群假设和 DBDH 假设，证明了其所提出的方案的安全性。文献[9]和[10]均采用 LSSS 访问结构，并在访问结构树的设计上实现或和门限操作，并在 Diffie-Hellman 假设下，证明其方案的安全性。

虽然上述文献中的方案通过利用属性加密技术实现安全访问控制的目的，但都没有在访问权限控制上实现细粒度，没有针对云环境下用户属性动态变化进行优化，减少属性计算和存储开销，同时也没有考虑到属性的权重问题，认为各属性都是平等的，但事实上带有权重因子的属性是具有实际意义的。

本章在研究密文策略属性加密体制时，特别针对数据拥有者能够定义灵活的访问权限树上做详细的研究，并考虑属性的权重问题和多个密钥产生中心，实现更加精细的访问控制粒度，在密钥的分发与更新管理上减少安全隐患，在属性更新及撤销管理上实现高效管理。因此本章提出了一个新的基于多密钥产生中心和多权重访问权限树的细粒度云数据访问控制(MKGCCP-WABE)方案，在此方案中设计了多权重访问权限树，引入属性权重因子和设计双密钥产生中心，并针对属性更新及属性撤销等属性动态变化问题，采用属性群的概念，将属性和用户权限的撤销以属性群为单位，以降低属性数量增加时的属性计算和存储开销等。

9.1　CP-ABE 算法

9.1.1　相关术语及定义

定义 9.1（属性集合）　对于任意属性集合 P，则有 $P = \{P_1, P_2, \cdots, P_n\}$，$\exists A \in P$ 且 $A \not\subset \phi$，则 A 是 P 的属性子集。

定义 9.2（访问结构）　访问控制策略以访问结构 T 的形式存在，对于 $P = \{P_1, P_2, \cdots, P_n\}$，假设 T 是 P 的一个非空子集，即 $\exists T \in P$ 且 $T \not\subset \phi$，设 D 表示参与者的任一子集，如果 $D \in T$，则称 D 为授权集合；如果 $D \not\in T$，则称 D 为非授权集合。

定义 9.3（访问结构树）　访问结构树是描述访问结构的抽象表达形式，树中的内部节点（非叶子节点）表示一个门限，该节点由阈值和子节点来描述，门限可以是 and、or 及 m of n 等。访问结构树中的每个叶子节点代表一个属性项，对于一棵访问权限树 T，其每个节点都可用一个多项式来表示，代表一个秘密，加密时自根节点向下依次赋值，解密时则相反。

9.1.2　CP-ABE 算法

基于密文策略的属性加密方案包含 4 个部分：系统建立算法、加密算法、密钥生成算法、解密算法，具体如下。

（1）系统建立，初始参数生成。

系统建立时，执行 (PK,MK)=Setup(P)，其中 P 为初始化参数，PK 和 MK 分别是生成的公共参数和主密钥。

（2）数据加密算法 DataEncrypt(PK，T，M)。

其中，PK 是公共参数；T 是表示属性的访问结构；M 是明文，利用 DataEncrypt() 函数输出密文 CT。其中，CT=DataEncrypt(PK，M，T)。

（3）密钥生成 KG(MK，S)。

在密钥生成函数 KG 中，输出是解密密钥 KS，KS 与某属性集合 A 关联，即 KS=KG(MK，S)，函数的输入参数是主密钥 MK 和属性集合 A。

（4）解密算法 DataDecrypt(PK，CT，KS)。

算法输入：表达属性集合的访问结构 T，密文 CT，PK 和解密密钥 KS。

上述解密函数中 KS 对应于属性集合 S，PK 是公共参数。

如果属性集合 S 满足访问结构 T，则执行 DataDecrypt 函数输出 M，即

M = DataDecrypt(PK，CT，KS)。

9.2　MKGCCP-WABE 方案

9.2.1　预备知识

定义 9.4（双线性对）　设 p 为大素数，G_0 和 G_1 是阶为 p 的乘法循环群，g 为群 G_0 的生成元，双线性对定义为映射 $e:G_0 \times G_0 \to G_1$，它满足如下性质。

（1）双线性：$\forall g \in G_0$，　$\forall a,b \in Z_p^*$，有 $e(g^a,g^b) = e(g^b,g^a) = e(g,g)^{ab}$。

（2）非退化性：$\exists g \in G_0$，使 $e(g,g) \neq 1$，即 $e(g,g)$ 不是群 G_0 的单位元。

（3）可计算性：存在有效算法可计算 $e(g,g)$。

定义 9.5（判定性双线性假设）[11]，即 DBDH 假设。

假定一个挑战者随机选取 4 个数 $a,b,c,z \in Z_q$，在群 G 上定义一个双线性映射

e, g 是 G 的生成元。DBDH 假设描述的是不存在多项是时间的敌手可以不可忽略的优势分辨出四元组 $(A = g^a, B = g^b, C = g^c, Z = e(g, g)^z)$ 和 $(A = g^a, B = g^b, C = g^c, Z = e(g, g)^{abc})$。

9.2.2　系统模型

MKGCCP-WABE 方案的系统中包含四类实体：2 个密钥生成中心（KGCA 和 KGCB）、云服务提供商（CSP）、数据拥有者（DO）和数据用户（DU），方案的系统模型如图 9.1 所示。

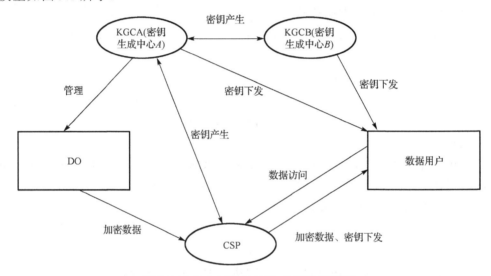

图 9.1　MKGCCP-WABE 方案系统模型

（1）KGCA：密钥生成中心（key generation center A），生成系统的公共参数、私钥参数和分发用户属性密钥。

（2）KGCB：密钥生成中心（key generation center B），生成系统的公共参数和私密参数。负责分发、回收以及更新用户私钥中的属性集合。同时根据用户的不同属性授予用户不同的访问权限。

（3）CSP：即云服务提供商，它负责用户对数据的访问控制和部分用户密钥的生成，并分发和回收用户的属性组密钥以及负责属性变化时的密文更新和密文重加密等。

（4）DO：数据属主，利用 CSP 的云存储服务将自身数据加密后放入云环境中，并在分享数据时，为其他用户定义访问控制策略。

（5）数据用户：从 CSP 访问相应的 DO 分享的数据文件，如果用户属性匹配权重访问权限树门限结构，并且该用户属性未撤销，则该用户可以解密并访问密文。

9.2.3　MKGCCP-WABE 方案描述

MKGCCP-WABE 方案由以下 4 步组成。

（1）Setup 阶段，即系统参数生成阶段，首先设定公共安全参数 $P = \{G, g, H\}$，其中，G 是阶为素数 P 的双线性群；g 是该群的生成元；H 是一个 Hash 函数。

① KGCA 随机选择一个数 β，设置 $h_a = g^{\beta}$，$f_a = g^{1/\beta}$，则它们分别是 KGCA 产生的公共密钥 PK_1 和主密钥 MK_1。

② KGCB 随机选择一个数 γ，设置 $h_b = g^{\gamma}$，$f_b = g^{1/\gamma}$，则它们分别是 KGCA 产生的公共密钥 PK_2 和主密钥 MK_2。

③ CSP 随机选择一个数 α_1 和 α_2，输出 CSP 产生的公共密钥 PK_c 和主密钥 MK_c，其中，$PK_c = e(g, g)^{\alpha_1}$；$MK_c = (g^{\alpha_1}, \alpha_1, \alpha_2)$。

④ 系统生成的公共密钥 PK 由 $\{G, g, H, h_a, f_a, h_b, f_b, e(g, g)^{\alpha_1}\}$ 构成。

其中，在 Setup 阶段，所有的参数 $\alpha, \beta, \gamma \in Z_p^*$。

（2）密钥产生阶段，根据 Setup 阶段产生的主密钥 MK_1，MK_2 及 MK_c，用户密钥结构 A 和某用户集合 U，为用户集合中的每个用户生成密钥 SK 和解密属性组密钥的 KEK。

其中，$A = \{A_0, A_1, A_2, \cdots, A_n\}$ 表示用户密钥结构，其中 $A_0, A_1, A_2, \cdots, A_n$ 是属性子集，n 表示某属性子集中的属性个数。

其中，$U = \{U_0, U_1, U_2, \cdots, U_n\}$ 表示用户集合，每个用户都有自己唯一的标识 ID。

① KGCA 为某用户 u 选择一个唯一的随机数 r，并将计算出的结果 $g^{r\beta}$ 发给 CSP，由 CSP 计算得到 $g^{\alpha_1\beta}$，并将二者相乘得到 $g^{(\alpha_1+r)\beta}$，然后选择一个数 μ，将 $g^{(\alpha_1+r)\beta/\mu}$ 发给 KGCA。

② KGCA 计算 $g^{(\alpha_1+r)/\mu\beta}$ 并发给 CSP。

③ CSP 计算得到用户 u 的私钥 $SK_1 = g^{(\alpha_1+r)/\beta}$。

④ KGCB 为某用户 u 选择一个唯一的随机数 q，并将计算出的结果 $g^{q\gamma}$ 发给 KGCA，由 KGCA 计算得到 $g^{\alpha_1\gamma}$，并将二者相乘得到 $g^{(\alpha_1+q)\gamma}$，然后选择一个数 μ_2，将 $g^{(\alpha_1+r)\gamma/\mu_2}$ 发给 KGCB。

⑤ KGCB 计算 $g^{(\alpha_1+q)/\mu_2\gamma}$ 并发给 KGCA。

⑥ KGCA 计算出用户 u 的私钥 $SK_2 = g^{(\alpha_1+q)/\gamma}$。

⑦ KGCB 根据用户 u 的密钥结构 A 和 q，选择随机数 $W_{i,j}$，计算用户 u 的私钥中属性部分 $SK_3 = g^{\alpha_1} \cdot H(w_{i,j})^q$，$SK_4 = g^q$。

⑧ 根据用户属性集合 A 和上述计算出的 4 部分私钥，计算得出用户 u 的私钥 $SK = \{A, SK_1, SK_2, SK_3, SK_4\}$。

(3)数据加密 DataEncrypt(PK, M, T_c)。

将公共参数 PK，明文 M 和访问结构 T_c 作为输入，输出密文 CT，具体过程如下。

① 数据拥有者对数据明文 M 按其逻辑粒度划分为 n 部分，即 $M = \{m_1, m_2, \cdots, m_n\}$，并为每个数据部分都生成一个数据加密密钥 DEK(data encryption key)，用于加密相应部分明文。

② 基于 CP-ABE 加密 DEK，即为每个部分定义不同的权限树，满足不同的权限树的用户可对数据进行相应的操作。

③ 权限树 T_c 的每个叶子节点表示一个属性，并定义 $T_c(S)=1$ 表示属性集合 S 满足 T_c 权限树。

④ 定义 $x(S)=1$ 表示节点 x，若 x 为叶子节点，则只有当 $x \in S$ 时，$x(S)=1$；如果 x 是非叶子节点，则采用 t of n 的门限秘密共享方案，t of n 的门限秘密共享方案具体如下。

用 $P = \{P_1, P_2, \cdots, P_n\}$ 表示参与方集合，则 β 是所有参与方的某个子集，$\beta = \{X | X \subset P\}$，并引入门限门 Θ_k^n。

定义 9.6　设 $P = \{P_1, P_2, \cdots, P_n\}$ 表示 Θ_k^n 的输入，则门限 Θ_k^n 输出为 1 的前提是 n 个输入中至少 k 个为 1。

定义 9.7　令 $P = \{P_1, P_2, \cdots, P_n\}$ 是各个参与方构成的集合，K 表示秘密，则 K 的门限秘密共享方案可表示为由 $g(P_1) \times g(P_2) \times \cdots \times g(P_n)$ 构成。

具体步骤如下。

(a)将 K 分割为 m 个划分 $K_1, \cdots, K_m$，即满足 $\sum\limits_{k=1}^{n} k_i$。

(b)令 $\omega_\beta = \{W_1, W_2, \cdots, W_n\}$。

(c)将 K_i 分配给每一个 $W_i \in \omega_\beta$。

⑤ 只有当 k_x 个子节点的返回值都为 1 时，$x(S)=1$；对于 T_c 权限树的根节点 R_c，当 $R_c(s)=1$ 时，$T_c(s)=1$。

⑥ 点 x 选择一个 k_x-1 次多项式 q_x：如果遇到根节点 R，则随机选择 $S \in Z_q$，并且 $q_{R(0)}=s$。

⑦ 如果是非根节点，则令 $q_x(0) = q_{\text{parent}(x)}(\text{index}(x))$，其中，$\text{parent}(x)$ 是节点 x 的父节点，$\text{index}(x)$ 是节点 x 的序号，且当 x 为叶子节点时，$\text{att}(x)$ 返回叶子节点所关联的属性。

⑧ 设 Y 是 T_c 的所有叶节点集合，数据拥有者在访问结构 T_c 下对数据行加密，公式如式(9.1)所示：

$$CT = (\{T_c\}_{c\in\{0,\cdots,r-1\}}, \tilde{C} = K_e \cdot Y^s, C = g^{\beta s}),$$

$$\{C_i = g^{q_i(0)}, C_i' = H(\text{att}(i))^{q_i(0)}\}_{i\in A^{T_c}, \forall c\in\{0,\cdots,r-1\}} \tag{9.1}$$

加密后将密文 CT 发送到云端,云端收到 CT 后,首先验证数据拥有者的有效性,然后对密文 CT 进行重加密。重加密算法的输入参数包括访问结构 T_c、对应密文 CT 和属性组 G。

⑨ 根据数据拥有者所提供的属性构造一棵 KEK 树,如图 9.2 所示,树的叶子节点表示各用户。假设存在用户集合 $U = \{U_1, U_2, U_3, \cdots, U_{14}\}$,用户 U_1 的属性集为 $\{a_1, a_3\}$,用户 U_2 的属性集为 $\{a_1, a_3, a_4\}$,用户 U_3 的属性集为 $\{a_2, a_3\}$,用户 U_4 的属性集为 $\{a_1, a_2, a_3, a_4\}$,则 U_1 的路径密钥为 $\{\text{KEK}_1, \text{KEK}_2, \text{KEK}_4, \text{KEK}_8\}$。属性 a_1 所对应的属性群为 $\{U_1, U_2, U_4\}$,KEK 树中覆盖 U_1, U_2, U_4 的最小子树的根节点为 $\{c_4, c_{11}\}$,U_{a_1} 的路径密钥为 $\{\text{KEK}_4, \text{KEK}_{11}\}$。

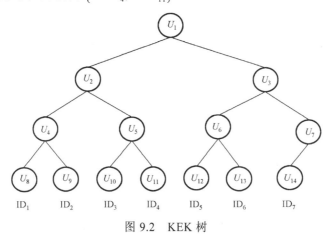

图 9.2　KEK 树

⑩ 算法为每个属性生成单属性组密钥并用该属性组密钥重加密密文,输出新密文 CT′ 和新密文的消息头 MH。随机选择 k 为随机数,且 $CT' = (T_c, \tilde{C} = CT \cdot e(g,g)^{\alpha_1 \cdot k}$,$C = h_1^s, \tilde{C} = h_2^s, \forall y \in Y: C_y = g^{q_y(0)}$,$C_y' = (H(\text{attr}(y))^{q_y(0)})^{K_{\lambda_y}}, \forall x \in X: \tilde{C}_x = h_2^{q_x(0)}$ 作为某属性所对应的属性群密钥发给 CSP。

最后进行密文重加密和生成消息头的操作,即 CSP 利用式 (9.2) 进行密文重加密,利用式 (9.3) 生成消息头:

$$CT' = (T_c, \tilde{C} = CT \cdot e(g,g)^{\alpha_1 \cdot k}, \quad C = h_1^s, \tilde{C} = h_2^s, \quad \forall y \in Y: \ C_y = g^{q_y(0)},$$

$$C_y' = (H(\text{attr}(y))^{q_y(0)})^{K_{\lambda_y}}, \quad \forall x \in X: \ \tilde{C}_x = h_2^{q_x(0)} \tag{9.2}$$

$$MH = \left\{ f(x) = \sum_{i=1}^{m} K_\lambda \cdot L_i(x) \right\} \tag{9.3}$$

其中，K_λ 为属性组密钥；$f(x)$ 为属性组 G 上构建的多项式函数；$L_i(x)$ 为属性组 G 上构建的拉格朗日乘积运算。

（4）数据解密 DataDecrypt(CT′,SK)

解密算法用密钥 SK 解密密文 CT′，解密后得到明文 M，具体过程如下。

① 用户针对密文 CT′，根据 KEK 树首先获得自身的属性组密钥。

② 实施访问权限树匹配 T_c 操作，验证密钥中属性与密文中的访问结构是否匹配，如果不匹配则访问拒绝，否则返回权限树 T_c 对应节点集合 c，继续下一步操作。

③ 从访问权限树根节点开始，递归调用函数 DataDecrypt(CT′,SK,c)，其具体解密过程和私钥的使用将在 9.2.5 节中数据访问部分详细说明：

$$\text{DataDecrypt(CT′,SK,}c) = e(g,g)^{\alpha_1 \cdot q} \tag{9.4}$$

④ 得到最终数据明文 M，一次解密过程结束。

9.2.4 细粒度权重访问权限树设计

现有的 CP-ABE 策略主要采用树形结构来描述，在一棵访问树中，根节点表示门限值，用叶子节点表示属性，用非叶子节点表示子节点数量。本章将访问树与权限控制相结合，形成权限树来实现细粒度访问，同时根据访问控制权限需要，采取嵌入多棵不同的树实现不同的权限操作，并引入带有权重分配的多访问权限树设计。

（1）某权限树中 numx 表示节点 x 的孩子节点的数量，k_x 为其阈值。

（2）规定 $k_x=1$ 时表示"or"门，当 k_x 等于 numx 时表示"and"门限。

（3）t of n 表示 n 个属性中满足 t 个即可继续进行递归计算，否则返回空。当树中某节点的所有孩子节点都达到阈值时，则称该属性集满足此权限树。

（4）假设某个用户的属性集合为 $\{a,b,c,d,e\}$，对文件来说，其修改权限树及删除权限树分别如图 9.3 和图 9.4 所示。

（5）从图 9.3 和图 9.4 可以判断得出，该用户仅具有修改文件的权限，而不具备删除文件的权限。

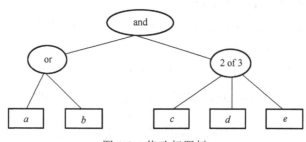

图 9.3 修改权限树

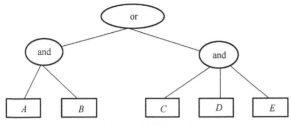

图 9.4　删除权限树

定义 9.8（权重门限访问权限树[12]）　A 为全体属性的集合，$\varphi = A \rightarrow M$ 表示权重函数，T 表示为门限值，$\Pi = \{a \subseteq A : \varphi(a) \geqslant T\}$，则 Π 表示 T 的权重门限访问权限树。

我们以图 9.5 为例给出了一个权重门限访问权限树结构说明，在图 9.5 中有五个叶子节点，分别标识某用户的 a、b、c、d、e 属性所对应的权值，只有当私钥的这五部分的权重之和大于门限 t 时，才可进行解密恢复出明文。

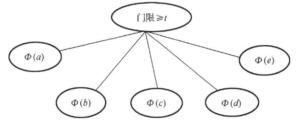

图 9.5　权重门限访问结构

细粒度权重访问权限树核心算法伪代码如图 9.6 所示。

```
Begin
    Case:x 为权限树的节点
    Case1: x 为叶子节点时,i 为节点 x 所对应的属性;
        If i 属于 A^u;              //用户的属性满足权限树中的属性时
            Then 执行 Decrypt(CT,SK_u,x);
        Else return NULL;          //用户属性不满足权限树中的属性
        EndIf
    Case2: x 为非叶子节点,令 x 的所有孩子节点集合为{z_j},
        递归调用算 Decrypt(CT,SK_u,z_j),输出 F_{z_j};
        If j > k_x;
            Then k_x 个子节点的 F_{z_j} 作为拉格朗日差值多项式的差值节点进行计算;
        EndIf
    Case3: x 为根节点 R;
            Then 运行 Decrypt(CT,SK_u,R_p),结果为 A;
    EndCase
End
从根节点递归调用以上算法,若用户的属性满足整棵 T_p 权限树,则可获取对称密
钥,从而可对文件进行相应的 p 操作,获得操作权限。
```

图 9.6　权重访问权限树核心算法

9.2.5　数据访问

云用户访问 CSP 云资源的过程如下。

(1) DU 首先获取对应的群密钥。

(2) DU 用该群密钥更新自己的私钥中的 D_i' 得到 $D_i'' = (g^{r_i})^{\text{AK}_i}$，则更新后的数据用户私钥为

$$\text{SK}_u = \{D = g^{(r+\Sigma v_k)/\beta}, i \in A^u : D_i = g^{\Sigma v_k} \cdot H(\text{att}(i))^{r_i}, D_i'' = (g^{r_i})^{1/\text{AK}_i}\} \tag{9.5}$$

(3) 对要访问的密文使用解密算法 $\text{DataDecrypt}(\text{CT}, \text{SK}_u, x)$，其中 SK_u 为更新后的私钥。对于 $\text{DataDecrypt}(\text{CT}, \text{SK}_u, x)$，则有

① 如果 x 为叶子节点，令 i 为节点 x 所对应的属性，如果 $i \in A_u$，则有

$$\text{DataDecrypt}(\text{CT}, \text{SK}_u, x) = \frac{e(D_i, C_x)}{e(D_i'', C_x'')}$$

$$= \frac{e(g^{\Sigma v_k} \cdot H(\text{att}(i)^{r_i}, g^{q_x(0)})}{e((g^{r_i})^{1/\text{AK}_i}, (H(\text{att}(i))^{q_x(0)})^{\text{AK}_x})} = e(g, g)^{\Sigma V_k \cdot q_x(0)} \tag{9.6}$$

否则，如果 $i \notin A_u$，则算法返回空。

② 如果 x 为非叶节点，令 x 的所有孩子节点集合为 $\{Z_j\}$，则递归调用解密算法 $\text{DataDecrypt}(\text{CT}, \text{SK}_u, z_j)$。

对于 $\text{DataDecrypt}(\text{CT}, \text{SK}_u, z_j)$，将其结果赋予 F_{z_j}，当 $j > k_x$ 时，同时选取 k_x 个子节点的 F_{z_j} 作为拉格朗日差值多项式的差值节点进行计算，其中 $d = \text{index}(z)$，$z \in S_x : S_x' = \text{index}(z)$，即

$$F_x := \prod_{z \in S_z} F_z^{\Delta d, s_x'(0)} = \prod_{z \in S_z} (e(g, g)^{\Sigma v_k \cdot q_z(0)})^{\Delta d, s_x'(0)} = e(g, g)^{\Sigma v_k \cdot q_x(0)} \tag{9.7}$$

(4) 对于根节点，需进行下列计算：

$$\text{DataDecrypt}(\text{CT}, \text{SK}_u, R_p) = e(g, g)^{\Sigma v_k \cdot S_p} \tag{9.8}$$

(5) 令 $A = \text{DataDecrypt}(\text{CT}, \text{SK}_u, R_p) = e(g, g)^{\Sigma v_k \cdot S_p}$，并且用户依次从根节点递归调用上述算法，若用户的属性满足整棵 T_c 权限树，则可获取对称密钥 $k_e = \tilde{C}/(e(C, D)/A)$，进而获得相应权限。如果明文有变动，则采用重加密[13]机制对密文重新加密。

9.2.6　属性撤销

云计算环境下，如果某用户被撤销或者新增一个属性，为保证被撤销权限或

者新增权限的用户不能再访问更新后的密文，则需要对用户密钥更新的同时更新密文。具体步骤如下。

（1）KGCB 接收到在属性组中添加或者删除用户的请求后通知 CSP，并将更新后的属性组的成员列表发送给 CSP。

（2）CSP 负责更新相关属性组的属性组密钥。

（3）未被撤销属性的用户更新私钥。

当某用户的属性 i 被撤销时，由 CSP 更新属性 i 所在的属性群的群密钥 AK_i'，将新生成的群密钥加密后发送给未撤销属性的用户用于密钥的更新，则用户新私钥为

$$\mathrm{SK}_u = \{D = g^{(r+\Sigma v_k)/\beta}, i \in A^u : D_i = g^{\Sigma v_k} \cdot H(\mathrm{att}(i))^{r_i}, D_i' = (g^{r_i})^{1/\mathrm{AK}_i'}\} \tag{9.9}$$

此处采用重加密的方式，即当系统中某个用户被撤销属性 i 时，CSP 将其群密钥更新为 RK，未撤销属性 i 的用户的群密钥从 K 更新为 K'，尽管将 K'发布给未被撤销属性的用户，但是用户并不立即使用 K'对密钥进行更新，用户暂时保管两个群密钥 K 和 K'，在下次执行解密操作时使用 K'更新密钥，即解密事件发生后 K 被废弃仅使用 K'。

（4）更新密文。

当 CSP 接收到新的属性群密钥后，CSP 利用 PRE 的方法来更新 C_i''，进而更新如下密文形式：

$$\mathrm{CT} = (\{T_c\}_{c \in \{0,\cdots,r-1\}}, \tilde{C} = K_e \cdot Y^s, C = g^{\beta s}, \{C_i = g^{q_i(0)},$$
$$C_i'' = H(\mathrm{att}(i))^{q_i(0) \cdot \mathrm{AK}_i'}\}_{i \in A^{T_c}, \forall c \in \{0,\cdots,r-1\}}) \tag{9.10}$$

（5）更新被撤销属性用户的私钥。

当用户 i 的属性被撤销时，CSP 根据其未撤销的属性为其分配新的属性群密钥 AK_x，当其再次请求私钥时，CSP 将其所拥有的属性对应的群密钥加密后，通过安全信道发送给该用户。用户在解密数据前对私钥进行更新，最终获得的私钥为

$$\mathrm{SK}_u = \{D = g^{(r+\Sigma v_k)/\beta}, i \in A^u : D_i = g^{\Sigma v_k} \cdot H(\mathrm{att}(i))^{r_i},$$
$$D_i'' = (g^{r_i})^{1/\mathrm{AK}_x}\} \tag{9.11}$$

（6）属性撤销或增加操作完成。

9.3 MKGCCP-WABE 方案正确性分享与安全性证明

9.3.1 方案安全模型

MKGCCP-WABE 方案的权重选择属性集安全模型描述如下。

声明：敌手公开他要攻击的属性集 C。

系统初始化阶段：挑战者运行系统初始化算法 Setup，生成系统公共参数 PK_{KGC} 和 PK_{CSP}，并将这些公共参数发送给敌手。

阶段 1：敌手可重复多次询问关于身份和访问结构 A_j 的相关私钥，其中 A_j 满足 $A_j(C)=0$。挑战者生成私钥并发给敌手。

挑战阶段：敌手随机选择两个长度相等的明文 M_0 和 M_1，并随机选择不满足访问结构的属性集合 $A_1,\cdots,A_m$，挑战者抛掷一枚等概率的硬币 $c \in \{0,1\}$，然后用属性集 C 加密消息 M_c，并将密文发送给敌手。

阶段 2：敌手重复阶段 1 的过程，对不满足挑战阶段访问结构中的其他属性 $A_{m+1},\cdots,A_n$，询问其相关密钥。

猜测阶段：敌手猜测挑战者加密的为哪个明文，给出对 c 的猜测值 c'，如果 $c = c'$，则敌手获胜，敌手在上述游戏中获胜的优势定义为 $\Pr[c' = c] - 1/2$。

定义 9.9　如果不存在任何多项式时间内的敌手能以不可忽略的优势赢得上述游戏，则称 MKGCCP-WABE 方案在权重选择属性集模型下是安全的。

9.3.2　方案正确性证明

对于密文 CT_i，密钥 K_i，属性集 A_i，访问权限结构 A_u，随机数 s_i，w 及 r，则有

$$Y = e(g,g)^w, A_i = g^{\alpha_i}, \hat{A}_i = g^{\hat{\alpha}_i}, A_i^* = g^{\alpha_i^*}$$

$$s = \sum_{i=1}^n s_i, CT = MY^r, CT_0 = g^r, K_0 = g^{w-s}$$

如果 $i \in A_u$，若 $A_i = 1$，则 $e(CT_i, K_i) = e(A_i^r, g^{s_i/\alpha_i}) = e(g^{\alpha_i \cdot r}, g^{s_i/\alpha_i}) = e(g,g)^{s_i \cdot r}$；

若 $A_i = 0$，则 $e(CT_i, K_i) = e(\hat{A}_i^r, g^{s_i/\hat{\alpha}_i}) = e(g^{\hat{\alpha}_i \cdot r}, g^{s_i/\hat{\alpha}_i}) = e(g,g)^{s_i \cdot r}$；

若 $A_i = *$，则 $e(CT_i, K_i) = e(A_i^{*r}, g^{s_i/\alpha_i^*}) = e(g^{\alpha_i^* \cdot r}, g^{s_i/\alpha_i^*}) = e(g,g)^{s_i \cdot r}$。

对于明文 M 和密文 CT'，则有

$$CT' = \frac{CT}{e(CT_0, K_0)\prod_{i=1}^n e(CT_i, K_i')} = \frac{MY^r}{e(g^r, g^q)\prod_{i=1}^n e(CT_i, K_i')}$$

$$= \frac{Me(g,g)^{w \cdot r}}{e(g^r, g^q)\prod_{i=1}^n e(g,g)^{s_i \cdot r}} = \frac{Me(g,g)^{w \cdot r}}{e(g^r, g^q)\prod_{i=1}^n e(g,g)^{r \cdot s}}$$

$$= \frac{Me(g,g)^{w \cdot r}}{e(g,g)^{w \cdot r}} = M$$

9.3.3　方案安全性证明

定理 9.1　如果存在敌手在权重选择属性集模型下攻破本方案,那么可以构造出一个模拟器以不可忽略的优势解决 DBDH 问题。

证明

在权重选择属性集模型下, 如果有敌手能够在上述安全模型中攻破 MKGCCP-WABE 方案,则至少存在一个多项式时间算法可以不可忽略的优势解决 DBDH 问题。

假设存在多项式时间的敌手 A 对上述模型的攻击有不可忽略的优势 ε, 则可构造一个模拟器可以 $\varepsilon/2$ 的优势解决 DBDH 问题, 模拟器构造过程如下。

(1)挑战者产生双线性映射 $e:G_1 \times G_1 \to G_2$, g 为 G_1 的生成元。

(2)挑战者掷一枚硬币 ω, 若 $\omega = 0$, 则设 $(g,A,B,C,Z) = (g,g^a,g^b,g^c,e(g,g)^{abc})$; 若 $\omega = 1$, 则随机选择 $a,b,c,k \in Z_q$, 并设 $(g,A,B,C,K) = (g,g^a,g^b,g^c,e(g,g)^k)$。

(3)挑战者将 $(g,A,B,C,Z) = (g,g^a,g^b,g^c,Z)$ 发送给模拟者 B, 在如下的 DBDH 假设中,模拟者 B 将作为挑战者。

(4)声明:敌手选择要挑战的权重属性集合 c, 并将其发给模拟器 B。

(5)初始化:模拟器需要模拟 KGC 和 CSP, 其设置如下。

选择三个随机数 $x_1,x_2,\alpha \in Z_p$, 则 $h = g^{x_1}$, $n = g^{x_2}$, $m = g^{\alpha}$。令 $g_2 = B$, $y = g^{x_2 \cdot t} = A/g^{x_1} = g^{\alpha - x_1}$, 其中 $t = (\alpha - x_1)/x_2$, 使得密文中的 $e(g^{x_1} \cdot g^{x_2 \cdot t}, g_2) = e(A,B)$。

随机选择两个 n 阶多项式 $f(x)$ 和 $u(x)$, 令随机 n 阶多项式 $t_i = g_2^{u(i)} \cdot g^{f(i)}$, $i \in (1,2,\cdots,n+1)$, 根据 t_i, 我们可以得到

$$T(x) = g_2^{x^n} \prod_{i=1}^{n+1} t_i^{\Delta_i, N(x)} = g_2^{x^n} \prod_{i=1}^{n+1} (g_2^{u(i)} g^{f(i)})^{\Delta_i, N(x)} = g_2^{x^n + u(x)} g^{f(x)} \tag{9.12}$$

模拟器将系统公共参数 h,m,n,g_2,t,y 等发给敌手, 这些公共参数都是随机的。

(6)阶段 1:敌手可重复多次询问关于身份和访问结构 A_j 的相关私钥, 其中 A_j 满足 $A_j(c) = 0$。敌手和模拟器执行密钥产生算法, 计算与身份相关部分的私钥 (d_1,d_2); 对于访问结构中的密钥 D, 则对于任意属性 i, 随机选择 $r_i \in Z_q$, 计算 $D_i = A \cdot (H_{att(i)})^{r_i}, D_i' = g^{r_i}$, 最终挑战者将生成的私钥发送给敌手。

(7)挑战阶段:敌手 A 随机选择两个长度相等的消息 M_0 及 M_1 提交给模拟器, 模拟器掷硬币 μ, 并且返回 m_{μ} 的加密值, 密文的输出为

$$CT = \{\prod, E' = m_{\mu}Z, \forall i \in S^*: E_i = B^{\beta_i}\} \tag{9.13}$$

当 $b=0$ 时，由前可知 $Z=e(g,g)^{\frac{ab}{c}}$。我们令 $r'=\dfrac{b}{c}$，那么 $E'=m_\mu Z=m_\mu e(g,g)^{\frac{ab}{c}}=$ $m_\mu Y^{r'}$，并且 $E_i=B^{\beta_i}=g^{\frac{b}{c}c\beta_i}=(T_i)^{r'}$，因此，密文是对消息 m_μ 的随机加密。

当 $b=1$ 时，有 $Z=e(g,g)^z$，则 $E'=m_\mu e(g,g)^z$。z 是随机的，E' 在 G_T 上也是随机的，没有包含任何 m_μ 的信息。

(8)阶段 2：与阶段 1 相同。

(9)猜测阶段：敌手 A 猜测 c 的值 c'，若 $c=c'$，则模拟者 B 认为 $\mu'=0$，表明敌手给出了有效的 DBDH 元组 (g,A,S,Z)，否则输出 $\mu'=1$，说明敌手给出的是一个随机的五元组 (g,A,B,C,Z)。

在上述游戏的构造中，模拟者 B 按照 MKGCCP-WABE 方案计算公共参数和私钥，当 $\mu=1$ 时，敌手 A 所获得的就不是一个有效的密文，A 只能随机猜测，因此其优势为 $\Pr[\,c'\neq c|\mu=1]=1/2$。否则，当 $\mu=0$ 时，敌手 A 获取 M_c 的有效密文，若假设敌手 A 的不可忽略优势为 ε，则此时敌手猜测正确的概率为 $\Pr[\,c'=c|\mu=0]=1/2+\varepsilon$。

综上所述，模拟器在 DBDH 游戏中的优势为

$$\frac{1}{2}\Pr[c'=c|u=0]+\frac{1}{2}\Pr[c'=c|u=1]-\frac{1}{2}=\frac{1}{2}\left(\frac{1}{2}+\varepsilon\right)+\frac{1}{2}\cdot\frac{1}{2}-\frac{1}{2}=\frac{\varepsilon}{2}$$

(10)证毕。

9.3.4　方案满足前向安全和后向安全

后向安全如下。

(1)对于新加入的用户，当其访问密文时，该用户密钥所关联的所有属性对应的属性组和属性组密钥会被更新，同时将属性组密钥发送给属性组中的成员。

(2)CSP 对密文进行重加密，并更新密文中与新加入用户相关联的属性对应的属性组密钥。

(3)由于访问结构未变，所以用户通过属性成功匹配访问树，但是无法获知访问树根节点处的秘密值，至此新加入的用户如果没有获得授权，虽然其有一份未重加密的密文，但不能对该密文进行解密。

(4)因此本方案是后向安全的。

前向安全如下。

(1)如果某用户的属性 i 被撤销，则其所对应的属性组会被更新，同时会更新相应的属性组密钥并通知属性组所有成员。

(2)所有的密文会被重加密。对于那些被撤销的属性，用新的属性组密钥来更

新旧的属性组密钥。这样，原来的组密钥就无法解密新的密文，原因是用户密钥中的属性组密钥与密文中的属性组密钥不同。

9.4　仿真实验及结果分析

实验环境中服务器配置如下：4 颗 8 核 CPU，主频为 1.86GHz，内存为 64 GB，存储为 10TB，VMware 虚拟化平台。实验中用到的文件大小均为 200KB，并利用 PBC 工具包[14]模拟实现 MKGCCP-WABE 方案，并将实验结果与 CP-ABE 方案进行了对比。

实验把 CP-ABE 方案和 MKGCCP-WABE 方案在不同叶子节点数的情况下的加密算法、解密算法以及用户属性撤销所耗费的时间代价等进行了对比分析。

当文件大小为 200KB 时，对其进行加密与解密及属性撤销的耗时对比图如图 9.7、图 9.8 和图 9.9 所示。

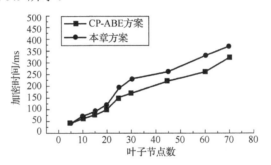

图 9.7　密文中叶子节点个数与加密时间

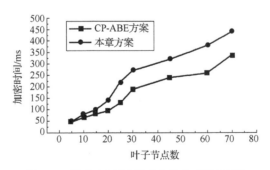

图 9.8　密文中叶子节点个数与解密时间

图 9.7、图 9.8 及图 9.9 分别表示密文中不同叶子节点数量的情况下，用户加密、解密和属性撤销的时间消耗均随着密文中叶子节点个数的增加而增长。MKGCCP-WABE 方案在不同叶子节点数量的加密、解密及属性撤销等在消耗时

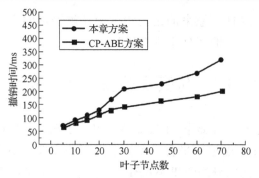

图 9.9　密文中叶子节点个数与属性撤销耗时

间上比 CP-ABE 方案略多，主要原因是多密钥生成中心的密钥生成时的交互计算次数增加，如 KGCA 与 KGCB 之间的交互时间消耗、KGCA 和 CSP 之间的交互计算时间消耗以及重加密时的幂运算等。但平均消耗时间总体比 CP-ABE 方案多不超过 200ms，所多出部分耗时均在可接受范围内。虽然同样条件下 MKGCCP-WABE 方案耗时更多，但该方案通过多权重访问权限树实现了更细粒度的访问控制授权，通过多密钥生成中心改善了密钥的安全分发与管理。

图 9.10 考察访问控制成功率与不同数量的叶子节点在本章模型和 CP-ABE 模型的对比变化情况。不同叶子节点数量也就表示不同的属性数量，实验结果表明：在不同规模的叶子节点数量的情况下，本章模型和 CP-ABE 模型的访问控制成功率均在 90% 以上。而随着叶子节点数量的不断上升，本章模型的访问控制成功率更好，说明本章模型在可扩展性和适应性上效果更好。

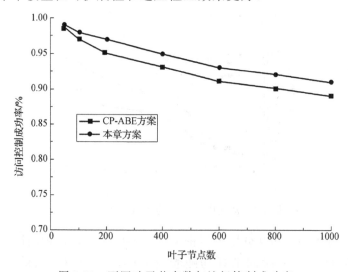

图 9.10　不同叶子节点数与访问控制成功率

　　图 9.11 是考察访问控制成功率与不同比例的恶意串谋用户在本章模型和 CP-ABE 模型的对比变化情况。实验结果表明：当恶意串谋用户比率在 40%以下时，本章模型和 CP-ABE 模型的访问控制成功率均在 97%以上。而随着恶意串谋用户比例进一步上升，本章模型的访问控制成功率更好，说明本章模型通过设置多密钥产生中心，减少串谋用户获取完整密钥的可能性，进而在访问控制成功率的效果更好。

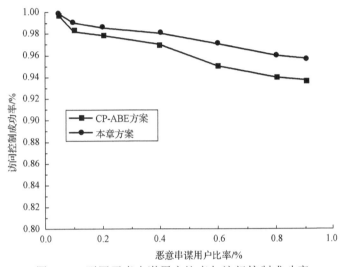

图 9.11　不同恶意串谋用户比率与访问控制成功率

　　综合上述实验结果，MKGCCP-WABE 方案相对于 CP-ABE 方案而言，不仅实现细粒度访问控制和更加安全的密钥分发管理机制，而且在加解密操作和属性撤销方面，本章所提出的方案模型时间代价差距在可接受范围内。在访问控制能力、可扩展性及抗恶意串谋用户攻击等方面具有更好的综合能力。

9.5　本　章　小　结

　　本章提出一种基于多 KGC 和多权重访问权限树的 MKGCCP-WABE 方案，实现云计算环境下的细粒度数据访问控制，该方案将多权重访问权限树的思想应用到所设计的系统模型中，允许数据拥有者为用户定义精细、灵活的访问控制策略。同时采用多密钥生成中心并结合属性群加密的方法保障系统的安全，防止单密钥生成中心的不可信问题以及避免产生因单密钥生成中心的被入侵导致大量用户属性密钥泄露等隐患，并采用重加密机制实现了用户属性动态变化时密文的及时更新，减少属性动态变化时的计算和存储开销，并对该方案进行安全性分析，在 DBDH 假设和 CPA 模型下分析了方案的安全性。仿真实验结果也证明本方案在性能效率和基础的 CP-ABE 方案差距不大，但在访问控制粒度和密钥安全性及抗恶意串谋用户攻击等方面具有更好的能力和效果。

参 考 文 献

[1] Yang K, Jia X H, Ren K, et al. DAC-MACS: effective data access control for multi-authority cloud storage systems//Proceedings of the International Conference on Computer Communications, 2013: 2895-2903.

[2] Jung T, Li X Y, Wan Z G, et al. Privacy preserving cloud data access with multi-authorities. International Conference on Computer Communications, 2013: 2625-2633.

[3] 郭振洲, 李明楚, 孙伟峰, 等. 基于多认证中心和属性子集的属性加密方案. 小型微型计算机系统, 2012, 32 (12): 2419-2423.

[4] 李阳. 云计算中数据访问控制方法的研究. 南京: 南京邮电大学，2013: 35-63.

[5] 李晓晖. 云计算环境下基于属性的加密关键技术研究. 上海: 上海交通大学, 2013: 20-48.

[6] 冯涛, 安文斌, 柳春岩, 等. 基于 MA-ABE 的云存储访问控制策略. 兰州理工大学学报, 2013, 39(6): 79-84.

[7] Cheung L, Newport C. Provably secure ciphertext policy ABE//Proceedings of the 14th ACM Conference on Computer and Communications Security, 2007: 456-465.

[8] Bethencourt J, Sahai A, Waters B. Ciphertext-policy attribute-based encryption//Proceedings of the IEEE Symposium on Security and Privacy, 2007: 321-334.

[9] Waters B. Ciphertext-policy attribute-based encryption: an expressive, efficient, and provably secure realization. Public Key Cryptography, 2011: 53-70.

[10] Liu X, Ma J F, Xiong J B, et al. Ciphertext-policy weighted attribute based encryption scheme. Journal of Xi'an Jiaotong University: Natural Science, 2013, 34(8): 44-48.

[11] 张浩军, 范学辉. 一种基于可信第三方的 CP-ABE 云存储访问控制. 武汉大学学报: 理学版, 2013, 59(2): 153-158.

[12] Bobba R, Khurana H, Prabhakaran M. Attribute-sets: a practically motivated enhancement to attribute-based encryption//Proceedings of the 14th European Symposium on Research in Computer Security, 2009: 587-604.

[13] Zhao J, Feng D, Zhang Z. Attribute-based conditional proxy re-encryption with chosen-ciphertext security//Proceedings of the Global Telecommunications Conference, 2010: 1-6.

[14] Bethencourt J, Sahai A, Waters B. Advanced crypto software collection: the cpabe toolkit. http://acsc.cs. utexas.edu/cpabe/.

第10章 无可信第三方 KGC 的属性加密访问控制技术

在第9章中，我们提出一个基于多密钥生成中心和多权重访问权限树的细粒度属性加密访问控制方案，在该方案中，所有的密钥生成中心之间必须都是可信的，中间的密钥产生交互过程也必须确保安全，否则可能会泄露大量的密钥属性，系统的安全性将大打折扣，另外该方案中密钥生成中心同时也是属性管理机构，它们和云服务提供商（CSP）之间，也需要进行密钥协商计算，它们之间的交互计算过程也必须保证安全，才能保证整个系统的安全。因此本章在第9章的基于多密钥生成中心和多权重访问权限树的细粒度属性加密访问控制方案的基础上，引入安全双方计算技术，以消除必须依赖可信第三方密钥生成中心的问题。

现有的基于属性的云数据访问控制研究方案，其大多数基础方案都是基于CP-ABE。凡是基于 CP-ABE 的方案，都需要一个单独的密钥生成机构，由该机构负责管理及分发公钥和私钥等，因此这个单独的密钥生成机构必须是可信的，一旦该机构遭到攻击或者被入侵，那么可能导致由可信密钥管理机构所管理掌握的密钥及密文信息等外泄。上述信息的外泄会造成很大的安全隐患。文献[1]和[2]在 CP-ABE 方案的基础上，提出一种分层的密文策略属性加密方案，通过层次化的密钥分发与管理，减轻密钥管理机构负担，在属性更新与属性撤销上，采用二次加密提高属性更新与撤销的效率。陈丹伟等[3]提出公共领域和私人领域的概念，在私人领域采用 CP-ABE 方案，在公共领域采用分层等级化信任机构进行属性管理，并在属性更新和撤销上引入失效时间属性，提高用户隐私数据保护能力和效率。总的来说，需要一个或多个可信密钥管理机构是 CP-ABE 方案的安全隐患之一。

文献[4]中采用多 KGC 进行密钥的分发与管理，试图解决 CP-ABE 方案中需要单一可信密钥管理机构问题，该方案在用户属性密钥的管理上，需要用户大量参与计算，对计算能力相对较弱的用户来讲，会增加相应的计算负担。因此，本章在第 9 章的基础上，取消单独的双密钥生成中心，增加单独的属性授权机构（AA），并引入安全多方计算，设计一种优化的无可信第三方密钥生成中心的CP-ABE（removing trusted third party KGC of ciphertext-policy attribute-based encryption，RTTPKGC-CPABE）方案。

10.1　预　备　知　识

定义 10.1（拉格朗日插值）　设 $f(x)$ 为 n 次多项式，假如给定 $n+1$ 个不同点值 $(x_i, f(x_i))$，则能唯一确定 $f(x)$ 为

$$f(x) = \sum_{i=1}^{n} f(x_i) \prod_{1 \leqslant k \neq i \leqslant n} \frac{x - x_k}{x_j - x_k} \tag{10.1}$$

定义拉格朗日系数 $\Delta_{i,s}(x) = \prod_{i \in s, i \neq j} \frac{x - j}{i - j}$，其中 i 和集合 s 中的元素取自 Z_p^*。

定义 10.2（安全多方计算）　安全多方计算（secure multi-party computation，SMC）[5]，指在无第三方参与的情况下，n 个参与者 $\{A_1, A_2, \cdots, A_n\}$，每一位参与者 A_i 拥有一个不想让其他人知道的保密输入值 x_i，希望共同计算出某个函数 $f(x_1, x_2, \cdots, x_n) = (y_1, y_2, \cdots, y_n)$，执行安全多方计算后，每个参与者 A_i 得到相应的 y_i，并且在这个过程中保密值 x_i 并不会泄露给其他参与者，也不会得到除 y_i 外的其他信息。

定义 10.3　安全双方乘法计算模型[6]。

假设属性授权机构（AA）和云服务提供商（CSP）分别拥有实数 x 与 y，相互进行交互式计算后属性授权机构获得 u，云服务提供商获得 v，并且对于 u 和 v，二者必须满足 $u+v=xy$。

（1）AA 和 CSP 约定一个整数 m，使计算 2^m 次加法是不可能的，AA 随机生成 m 个实数 $x_1, x_2, \cdots, x_m$，使 $x = \sum_{j=1}^{m} x_j$。

（2）对于每一个 $j = 1, 2, \cdots, m$，AA 生成一个秘密随机数 $1 \leqslant k \leqslant 2$，给 CSP 发送 $h_1, h_2 (h_k = x_j)$，余下的 h_i 为随机产生的实数。CSP 不知道哪一个 h_i 是 x_j。

（3）对 $i = 1, 2$，CSP 计算 $h_i y - r_j$，其中 r_j 为随机数。利用不经意传输 OT_1^p 协议，AA 取回结果 $h_k y - r_j$，其中 $h_k y - r_j = x_j y - r_j$。

（4）AA 获得 $u = \sum_{j=1}^{m} (x_j y - r_j) = xy - \sum_{j=1}^{m} r_j$，CSP 获得 $v = \sum_{j=1}^{m} r_j$。

定义 10.4　不经意传输 OT_1^p 协议[7]。

假设发送者 AA 有 p 个秘密数据 $S_1, S_2, S_3, \cdots, S_p$，选择者 CSP 要得到它选择的 p 个数之一 $S_i (1 \leqslant i \leqslant p)$，在协议结束后，AA 不能知道哪个数据是 CSP 需要的，CSP 也不知道 AA 的另外任意一个数据的信息。

10.2　系　统　模　型

RTTPKGC-CPABE 方案的系统中包含四类实体：1 个属性授权机构（AA）、云服务提供商（CSP）、数据拥有者（DO）和数据用户（DU），方案的系统模型如图 10.1 所示。

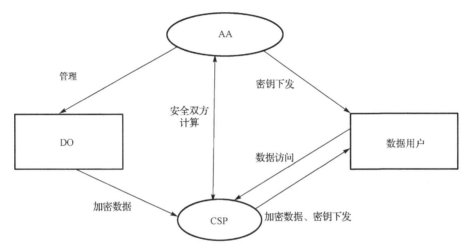

图 10.1　RTTPKGC-CPABE 方案系统模型

（1）AA：负责用户的身份认证和属性授权，生成用户的身份 ID 和用户属性密钥部分，对 CSP 是匿名的，并负责分发、回收以及更新用户私钥中的属性。

（2）CSP：即云服务提供商，它负责用户对数据的访问控制和部分用户密钥的生成，并分发和回收用户的属性组密钥以及负责属性变化时的密文更新和密文重加密等。

（3）DO：数据属主，利用 CSP 的云存储服务将自身数据加密后放入云环境中，并在分享数据时为其他用户定义访问控制策略。

（4）数据用户：从 CSP 访问相应的 DO 分享的数据文件，如果用户属性匹配访问权限树门限结构，并且该用户属性未撤销，则该用户可以解密并访问密文。

10.3　安　全　假　设

本章提出的 RTTPKGC-CPABE 方案基于以下安全假设。

（1）AA 是不完全可信的。

（2）CSP 是不完全可信的，CSP 可能好奇以至于想获取用户的密钥及属性隐私信息或者恶意情况下与 AA 合谋获取密钥等关键秘密隐私信息等。

（3）数据拥有者或者用户不会主动泄露自身密钥等秘密信息给其他方，包括其他用户、其他数据拥有者、AA 和 CSP 等。

10.4　用户密钥生成

用户密钥产生时，首先由 AA 和 CSP 分别产生各自的主密钥，并以此作为安全双方计算的基础输入参数，通过安全双方计算分别产生用户私钥的一部分，并分发给用户，用户得到这两部分密钥后，然后生成最终用户使用的密钥，具体的方案步骤描述如下。

（1）系统初始化并生成公共参数，即 $Params \leftarrow Setup(1^{\lambda})$。

（2）由 AA 分别产生其公钥/私钥对 PK_{AA}/MK_{AA}，即 $(PK_{AA}, MK_{AA}) \leftarrow AKeyGen(Params)$。

（3）CSP 分别产生其公钥/私钥对 PK_C/MK_C，即 $(PK_C, MK_C) \leftarrow CKeyGen(Params)$。

（4）$(AAKeyS2P, U_t, MK_{AA}) \leftrightarrow CKeyS2P(MK_C)$，AA 用 MK_{AA} 和用户标识符 U_t 与 CSP 的 MK_C 实施安全双方计算，计算生成 SK_A 和 SK_C，SK_A 和 SK_C 分别被分配给 AA 和 CSP，并将其中的 SK_C 发送给用户。

（5）$(SK_u) \leftarrow AKeyGen(U_t, AttrS)$，AA 以 U_t 和用户属性集 AttrS 作为输入参数，生成用户属性私钥 SK_u，并将 SK_u 和 SK_A 一起发给用户使用。

（6）最终用户利用 $(SK) \leftarrow UKeyGen(SK_A, SK_C, SK_U)$ 计算得出最终私钥 SK。

10.5　RTTPKGC-CPABE 方案描述

RTTPKGC-CPABE 方案由以下四步组成，具体步骤如下。

（1）系统生成阶段，即 Setup 阶段。

在 Setup 阶段，首先选取生成元为 g 的双线性群 G_0，双线性群 G_0 的阶为大素数 p。选择一个可将字符串映射为双线性群 G_0 中元素的 Hash 映射函数 H，即 $H: \{0,1\}^* \rightarrow G_0$，则由上述三个参数构成的组合 $\{G_0, g, H\}$ 为 Setup 阶段所使用的公共参数。

（2）密钥生成阶段，即 KeyGen 阶段。

用户密钥产生由 AA 和 CSP 共同完成，具体步骤如下。

① $(PK_{AA}, MK_{AA}) \leftarrow AKeyGen(Params)$，则对于任意 $\beta \in Z_p^*$，令 $PK_{AA} = g^{\beta}$，$MK_{AA} = \beta$，所产生的 PK_{AA} 作为公钥的一部分，MK_{AA} 是 AA 的主密钥。

② $(\text{PK}_C, \text{MK}_C) \leftarrow \text{CKeyGen}(\text{Params})$，对于任意 $\alpha \in Z_p^*$，计算 $e(g,g)^\alpha$，并令 $\text{PK}_C = e(g,g)^\alpha, \text{MK}_C = \alpha$。$\text{PK}_C$ 与 PK_{AA} 共同作为系统公钥的一部分，MK_C 是为 CSP 生成的主密钥。

③ $\text{AAKeyS2P}(U_t, \text{MK}_{AA}) \leftrightarrow \text{CKeyS2P}(\text{MK}_C)$，令 $x = \alpha$，对于任意 x_j，满足 $x = \sum\limits_{j=1}^m x_j$，$y = 1/\beta$，则对于 AA 生成的 h_i 和 CSP 生成的 r_j，CSP 计算 $h_i y - r_j$，其中 r_j 为随机数。利用不经意传输 OT_1^p 协议，AA 取回结果 $h_k y - r_j$，最终计算得到 $\gamma = \sum\limits_{j=1}^m (x_j y - r_j) = xy - \sum\limits_{j=1}^m r_j$ 和 $\eta = \sum\limits_{j=1}^m r_j$，其中 AA 得到 γ，CSP 得到 η，并且二者满足 $\gamma + \eta = \alpha/\beta$，然后 CSP 计算出 g^η。

④ $\text{AAKeyS2P}(\text{MK}_{AA}, U_t, \gamma) \leftrightarrow \text{CKeyS2P}(\eta)$。

当用户认证通过后，AA 会为该用户随机选取 $U_t = r \in Z_p^*$，其中 U_t 对 CSP 及用户来说是秘密，然后计算 $g^{r/\beta + \gamma}$ 的值。AA 利用 $g^{r/\beta + \gamma}$ 的值，CSP 利用 g^η 的值，二者利用安全双方乘法计算公式进行计算后，AA 得到 SK_A，CSP 得到 SK_C，并将 SK_C 发送给用户。其中 SK_A 与 SK_C 需满足下列条件，即 $\text{SK}_A + \text{SK}_C = g^{r/\beta + \gamma} \times g^\eta = g^{(r+\alpha)/\beta}$。

⑤ $\text{AKeyGen}(U_t, S) \rightarrow (\text{SK}_u)$ 生成用户的属性密钥。AA 为用户所拥有的每一个属性分配一个随机数 $r_j \in Z_p^*$，$j \in S$，S 为用户的属性集。

计算属性密钥 $\text{SK}_u = (\forall j \in S : D_j = g^r \cdot H(i)^{r_j}, D_j' = g^{r_j})$。然后将 SK_u 和 SK_A 发送给用户。

⑥ $\text{UKeyGen}(\text{SK}_u, \text{SK}_A, \text{SK}_C) \rightarrow (\text{SK})$，用户得到 SK_u、SK_A 和 SK_C 后计算出完整密钥 SK。

$$\text{SK} = (D = \text{SK}_A + \text{SK}_C = g^{(r+\alpha)/\beta}, \forall j \in S : D_j = g^r \cdot H(i)^{r_j}, D_j' = g^{r_j})$$

(3) 数据加密阶段，即 DataEncrypt 阶段。

数据加密阶段，首先对访问结构权限树 T 中的每一个节点（包含叶子节点）选取一个多项式 q_x，多项式的构造如下。

① 假设节点的门限值为 k_x，则多项式的度 $d_x = k_x - 1$。对于根节点 R，随机选取 $s \in Z_p^*$，然后设置 $q_R(0) = s$，并随机选择 q_R 的其他系数。

② 对于其余节点 x，设 $q_x(0) = q_{\text{parent}(x)}(\text{index}(x))$，$q_x$ 的其他系数也采用随机选择。对于访问结构权限树 T 的叶子节点 Y，则该节点对应的密文 CT 如下：
$$\text{CT} = (T, \tilde{C} = Me(g,g)^{\alpha s}, C = h^s, \forall y \in Y : C_y = g^{q_y(0)}, C_y' = H(\text{att}(y))^{q_y(0)})$$

(4) 数据解密阶段，即 DataDecrypt 阶段。

在数据解密阶段，首先需要设置节点解密函数 $\mathrm{NodeDec(CT,SK,}x)$，该函数的输入为访问权限树的某节点 x 和用户属性集合 S 及密文 CT。

① 若 x 为叶子节点，则令 $i = \mathrm{att}(x)$，且 $i \in S$，则有

$$\mathrm{NodeDec(CT,SK,}x) = \frac{e(D_i, C_x)}{e(D_i', C_x')} = \frac{e(g^r \cdot H(i)^r, h^{q_x(0)})}{e(g^r, H(i)^{q_x(0)})} = e(g,g)^{rq_x(0)} \quad (10.2)$$

若 $i \notin S$，则令 $\mathrm{NodeDec(CT,SK,}x) = \delta$。

② 若 x 为除叶子节点外的其他节点，令 x 的子节点为 y，则对于 CT、SK 和 y，计算 $\mathrm{NodeDec(CT,SK,}y) = F_y$，如果 S_x 为 k_x 个 $\{F_y \neq \delta\}$ 的集合，则有

$$
\begin{aligned}
F_x &= \prod_{y \in S_x} F_y^{\Delta_{i,S_x'}(0)}, \qquad \begin{array}{l} i = \mathrm{index}(y) \\ S_x' = \{\mathrm{index}(y) : y \in S_x\} \end{array} \\
&= \prod_{y \in S_x} (e(g,g)^{r \cdot q_z(0)})^{\Delta_{i,S_x'}(0)} \\
&= \prod_{y \in S_x} (e(g,g)^{r \cdot q_{\mathrm{parent}(z)}(\mathrm{index}(z))})^{\Delta_{i,S_x'}(0)} \\
&= \prod_{y \in S_x} e(g,g)^{r \cdot q_x(i) \cdot \Delta_{i,S_x'}(0)} \\
&= e(g,g)^{r \cdot q_x(0)} \quad (10.3)
\end{aligned}
$$

其中，r 为根节点。

③ 如果 S 满足访问权限结构树，则有

$$A = \mathrm{NodeDec(CT,SK,}r) = e(g,g)^{r \cdot q_R(0)} = e(g,g)^{rs}$$

$$\tilde{C} / (e(C,D) / A) = \tilde{C} / (e(h^s, g^{(r+\alpha)/\beta}) / e(g,g)^{rs}) = M$$

10.6　方案安全性分析

首先假设有一个恶意的 AA 或 CSP 知道用户密钥的一部分 SK_A 或 SK_C，但不同时知道 SK_A 或 SK_C，并且 AA 和 CSP 互相不知道对方的主密钥，然后进行 AAKeyS2P↔CKeyS2P 安全双方计算过程。

定义 10.5　存在一个模拟器 CSimS2P[8]对所有敌手 (A_1, A_2)：

```
|Pr[Setup(1^λ) → param;
CKeyGen(param) → (PK_C, MK_C);
AkeyGen(param) → (PK_AA, MK_AA);
A_1(param, PK_C, MK_C) → (U_t, st);
```

CKeyS2P(param, MK$_C$, U_t) $\leftrightarrow$ A_2(st) $\rightarrow$ $b : b = 1$] $-$ Pr[setup(1^λ) $\rightarrow$ param;

CKeyGen(param) $\rightarrow$ (PK$_C$, MK$_C$);

AKeyGen(param) $\rightarrow$ (PK$_{AA}$, MK$_{AA}$);

A_1(param, PK$_C$, MK$_C$) $\rightarrow$ (U_t, st)

CSimS2P(param, KeyGen(MK$_C$, MK$_{AA}$), U_t) $\leftrightarrow$ A_2(st) $\rightarrow$ $b : b = 1$]| $<$ negl(λ)

通过安全双方计算，使得对方就算了解部分 MK$_C$，但却无法辨别对方是否为真正的密钥生成方。

定义 10.6　存在一个模拟器 AASimS2P 对所有敌手 (A_1, A_2)：

|Pr[Setup(1^λ) $\rightarrow$ param;

AKeyGen(param) $\rightarrow$ (PK$_{AA}$, MK$_{AA}$);

A_1(param) $\rightarrow$ (U_t, st)

AAKeyS2P(param, MK$_{AA}$, U_t) $\leftrightarrow$ A_2(st) $\rightarrow$ $b : b = 1$] $-$ Pr[Setup($1k$) $\rightarrow$ param

AKeyGen(param) $\rightarrow$ (PK$_{AA}$, MK$_{AA}$)

A_1(param) $\rightarrow$ (U_t, st)

AASimS2P(param, MK$_{AA}$) $\leftrightarrow$

A_2(st) $\rightarrow$ $b : b = 1$]| $<$ negl(λ)

双方交互计算过程中的数据安全性保证可通过不经意传输协议 (oblivious transfer，OT) 来处理，而 CSP 猜测出 AA 中 x 的概率为 $1/2^m$。如果 m 足够大，则能保证安全双方计算模型的安全性。

在本章方案的属性加解密部分的安全性证明方面，本章方案的密文形式与 CP-ABE 方案在密文形式、访问结构树形式、解密过程等是一致的。因此本章方案在属性加解密算法上的安全性就等同于 CP-ABE 的安全性。而文献[9]已经证明 CP-ABE 方案是安全的，我们认为本章方案在属性加解密上也是安全的。

10.7　方案计算量对比

本章提出的方案在密钥生成阶段需要 CSP 和用户进行额外的计算，在密钥生成过程中的计算量上相对较大。本章把 RTTPKGC-CPABE 方案、CP-ABE 方案以及 Hur 方案在群 G_0[10] 中的幂运算次数上进行了对比，结果如表 10.1 所示。本方案相比 CP-ABE 方案，由于用户私钥生成的过程中增加了 AA 与 CSP 的两次交互式安全双方计算过程和一次 CSP 与用户的计算，总体上比 CP-ABE 方案增加一些计算量，但应在可接受的范围内。本方案相比于 Hur 方案，本章的主要优势是大大减少用户端的计算负担，无须幂运算，仅需一次加法运算即可，其时间代价很小。

表 10.1　不同方案在群 G_0 下的幂运算次数对比

方案	AA	CSP	USER
CP-ABE	$(2k+2)$	—	—
Hur	$(2k+2)$	1	1
RTTPKGC-CPAB	$(2k+2)$	2	1 次加法运算

10.8　仿真实验及结果分析

实验环境中服务器配置同第 9 章：4 颗 8 核 CPU，主频为 1.86GHz，内存为 64GB，存储为 10TB，VMware 虚拟化平台。实验中用到的文件大小均为 200KB，并利用 PBC 工具包模拟实现 RTTPKGC-CPABE 方案，并将实验结果与 CP-ABE 方案和 Hur 方案进行了对比分析。

我们构造叶子数从 5～80 的访问策略用于加密，构造过程是随机的且不考虑访问策略的具体意义，为每个属性所属的属性组用户数设为 5，不考虑消息头生成时间消耗。实验把 RTTPKGC-CPABE 方案、CP-ABE 方案和 Hur 方案在不同叶子节点数的情况下的加密算法、解密算法以及用户属性撤销所耗费的时间代价等进行了对比分析。

当文件大小为 200KB 时，本章测试的三种方案的加密、解密与属性撤销及更新的耗时对比图如图 10.2、图 10.3 和图 10.4 所示，图中表示密文中不同叶子节点个数的情况下，用户加密、解密的时间以及属性撤销消耗时间是随着密文中叶子节点个数的增加而增长的。

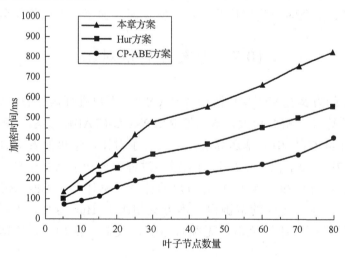

图 10.2　叶子节点数量与加密时间

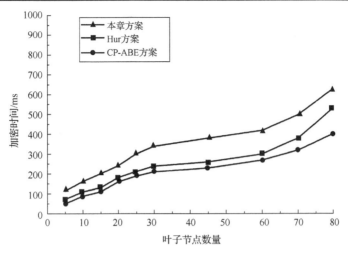

图 10.3　叶子节点数量与解密时间

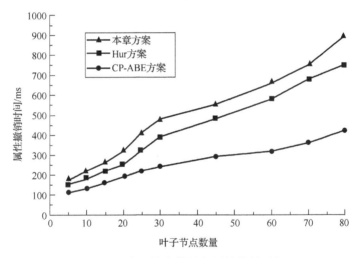

图 10.4　叶子节点数量与属性撤销时间

　　图 10.5 考察访问控制成功率与不同数量的叶子节点在本章模型和 CP-ABE 模型及 Hur 模型的对比变化情况。不同叶子节点数量也就表示不同的属性数量，实验结果表明：在不同规模的叶子节点数量的情况下，本章模型、CP-ABE 模型及 Hur 模型的访问控制成功率均在 90% 以上。而随着叶子节点数量的不断上升，本章模型的访问控制成功率更高，说明本章模型在访问控制能力、可扩展性和适应性上效果更好。

　　图 10.6 考察访问控制成功率与不同比例的恶意串谋用户在本章模型、CP-ABE 模型及 Hur 模型的对比变化情况。实验结果表明：当恶意串谋用户比率在 40%

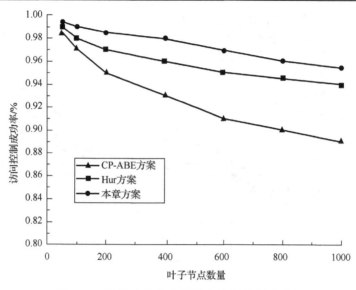

图 10.5　不同叶子节点数量与访问控制成功率

以下时，本章模型、CP-ABE 模型及 Hur 模型的访问控制成功率均在 97%以上。
而随着恶意串谋用户比例进一步上升，本章模型的访问控制成功率更高，说明本
章模型通过减少可信第三方，让串谋用户获取完整密钥的可能性更低，进而在访
问控制成功率的效果更好。

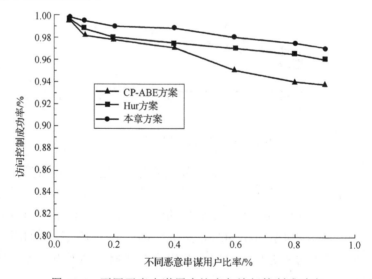

图 10.6　不同恶意串谋用户比率与访问控制成功率

从上述实验结果中可以看出无论加密、解密还是属性撤销上，在消耗时间上
均略大于 Hur 方案和 CP-ABE 方案。同样条件下，本方案的平均时间消耗比

CP-ABE 大约不到 300ms，比 Hur 方案大约多不到 200ms。多余的开销来自重加密的取幂运算和额外的安全双方计算任务等，例如，在用户私钥生成的过程中共进行了两次交互式的安全双方计算等，但从整体上来说，多出来的时间消耗在可接受范围内。特别是相比 Hur 方案，RTTPKGC-CPABE 方案在实现更为安全的密钥分发与管理的同时，大大节省了用户端的计算量，所以对具备强大计算能力的云端来说，上述多出来的时间消耗不会成为整个系统的瓶颈，并且易于实现。此外，该方案在访问控制能力、可扩展性、适应性和抗恶意串谋用户攻击等方面相比 Hur 方案和 CP-ABE 方案具有更好的效果。

10.9　本　章　小　结

在保护云计算环境安全访问控制上，基于密文策略的属性加密技术是一种比较有效的方法，但现有的密文策略属性加密方案大都依赖密钥生成中心的可信才能保证安全，一旦密钥生成中心不可信或被入侵，将对整个系统的安全产生很大的威胁，因此本章提出一种无可信第三方密钥生成中心的密文策略属性加密方案，该方案提出在 AA 和 CSP 之间利用安全双方计算技术来消除必须依赖可信任的第三方机构密钥生成中心的问题，提高了密钥产生、分发和管理中的安全保障能力，并且减少了用户端的计算量，虽然时间消耗相比 Hur 方案以及 CP-ABE 方案高，但均在可接受范围内。此外，该方案在访问控制能力和可扩展性及抗恶意串谋用户攻击等方面具有更好的效果。

参 考 文 献

[1] Hur J, Dong K N. Attribute-based access control with efficient revocation in data outsourcing systems. IEEE Transactions on Parallel & Distributed Systems, 2011, 22(7): 1214-1221.

[2] Wan Z G, Liu J, Robert H, et al. HASBE: a hierarchical attribute-based solution for flexible and scalable access control in cloud computing. IEEE Transactions on Information Forensics and Security, 2012, 7(2): 743-754.

[3] 陈丹伟, 邵菊. 基于 MAH-ABE 云计算隐私保护访问控制. 电子学报, 2014, 42(4): 821-827.

[4] Hur J, Koo D, Hwang S O, et al. Removing escrow from ciphertext policy attribute-based encryption. Computers & Mathematics with Applications, 2013, 65(9): 1310-1317.

[5] Yao A C. Protocols for secure computations//Proceedings of the Annual Symposium on Foundations of Computer Science, 1982: 160-164.

[6]　李禾, 王述洋. 关于除法的安全双方计算协议. 计算机工程与应用, 2010, 46(6): 86-88.

[7]　Naor M, Pinkas B. Oblivious transfer with adaptive queries. Lecture Notes in Computer Science, 1999, 1666: 573-590.

[8]　Belenkiy M, Chase M, Kohlweiss M, et al. P-signatures and noninteractive anonymous credentials//Proceedings of the 5th Theory of Cryptography Conference, 2008: 356-374.

[9]　Bethencourt J, Sahai A, Waters B. Ciphertext-policy attribute-based encryption//Proceedings of the IEEE Symposium on Security and Privacy, 2007: 321-334.

[10]　Waters B. Ciphertext-Policy Attribute-Based Encryption: An Expressive, Efficient, and Provably Secure Realization. Taormina: Springer, 2011: 53-70.

第 11 章　一种基于 WFPN 的云服务选择方法

为了提高云计算环境下用户与云服务间交互的成功率和用户的满意度，本章提出了一种基于加权模糊 Petri 网（WFPN）的云服务选择方法。该方法通过层次分析法获得用户对云服务的属性偏好，采用模糊 Petri 网的推理方法对云服务进行评估。通过 Petri 网的知识表示和运行方法，将模糊推理过程迭代并行的运行，细粒度评估一个云服务的信任等级，选择信任度得分最高的服务。实验仿真结果表明，WFPN 方法能在较短的时间内选择出较优的服务，证明该方法的有效性和可行性。

11.1　引　　言

云计算的日益流行吸引了越来越多的企业和个人通过利用 Amazon EC2、Google App Engine、Windows Azure 等云服务供应商提供的存储和计算资源来降低应用成本。作为一种日益普及的分布式并行计算范式，云计算改变了以往的网络交互方式，其以瘦客户机、网格计算、效用计算为基础，将网络资源以服务的形式呈现给用户。随着云计算的迅速发展，用户可选择的云服务越来越多，如何从满足用户功能需求的众多服务中，选择出最符合用户非功能需求的云服务成为当前的研究热点，因此需要提出一种适合云计算环境的根据用户需求偏好选择云服务的模型来最大程度满足用户对于服务质量（quality of service，QoS）的需求。

当前，人们从多个方面对服务的选择进行了研究，文献[1]提出了一种云制造环境中基于可信评价的云服务选择，通过定义可信特征集和服务簇，综合考虑服务的功能、非功能等诸多影响因子，利用已有的协同评价推荐机制得到直接评价和间接评价共同计算云服务的综合可信度，完成云服务的选择。文献[2]针对传统 QoS 感知的 Web 服务选择方法对 QoS 本身不确定性的忽视而带来的服务选择结果可靠性低的问题，提出一种基于云模型的不确定性 QoS 感知的 Skyline 服务选择方法，该方法利用 QoS 效用函数将候选服务的 QoS 属性映射成一个实数值，再通过逆向隶属云得到 QoS 云滴的熵，选择出 QoS 效用函数最大且熵最小的服务，进而利用 Skyline 查询处理算法排除被其他服务支配的服务以保证服务选择的可靠性和实时性。针对同一时刻多个用户分别请求功能相同服务的竞争性问题，文献[3]首先根据服务各属性质量分量和服务请求者的信誉值量化该 Web 服务的 QoS，然后利用用户偏好向量计算用户的需求偏好，进而应用基于权值的欧氏距离测量方法得出 Web 服务与用户需求之间的相似度，最后利用 0-1 规划建立整体最优服务选择模型以实现多用户多服务的服务选择最优解问题，确保在同一时刻多个用户共同选择某一服务时，各个用户对服务品质满意度最大化的同时保证网络资源的合理使用。文献[4]针对云计算环境中服务组合的各参与方中服务实体的 QoS 各不相同而导致用户难以获得满意服务的情况，提出一种基于信任生成树的云服务组织方法，根据服务实体与可信实体交互行为的信任度计算值对信任生成树中的云服务分布进行实时更新，剔除不可信服务，使服务组合在安全环境中工作，进而基于可信环境将服务主体的服务质量信息熵与可信度信息熵综合计算得出可选服务的总体评价完成云服务的选择。由于运行时绑定的 Web 服务被广泛地运用到网络对外提供的海量、安全和高可靠的服务中，如何迅速选择出满足用户 QoS 要求的候选服务，对服务组合的可行性和高效性有着深远的影响[5]，针对服务选择时的效率低问题，文献[6]提出了服务动态选择方法，通过引入自适应粒子群优化算法优化后的最优质量标尺，将候选服务集合进行划分，应用模糊逻辑将质量标尺个数自动调节得到用户满意的服务集分解数量，达到优化服务选择的目的。

由于上述的研究是基于精确 QoS 属性值和权重系数，并且用户往往对这些 QoS 属性只有模糊的认识，所以在进行服务选择过程中需要将这些概念转换为更加自然和易懂的描述形式。本章针对云计算环境的特殊性，提出一种基于 WFPN 的云服务选择方法，该方法通过对获得的用户偏好信息及 WFPN 中云服务的相关信息进行模糊推理，最终得到满足用户需求的云服务。

11.2　云环境下的服务选择框架

在云计算的环境下，用户与服务供应商之间的信任关系具有随机性、模糊性，模糊推理是基于模糊知识进行的一种不确定推理，因而能很好地处理这种不确定性。现有的模糊推理框架缺乏对细粒度并行的支持，其适用性与可扩展性已显不足，针对此问题引入模糊 Petri 网(fuzzy Petri net，FPN)，FPN 的运行过程就是一个问题求解过程[7]，由于 FPN 可以很好地表示系统中的并行及因果依赖关系，通过 FPN 将模糊推理过程根据属性分层展开，实现云服务属性的细粒度推理。

针对云服务选择过程中用户需求偏好的差异性问题，本章设计了一种根据用户需求与服务属性证据的契合度的方法来配合云服务的选取。本服务选择方法遵循云计算按需提供服务的特点，应用层次分析法确定用户的个性化需求。同时在充分考虑服务候选集 QoS 属性条件下，将各个服务的历史记录进行检索，根据用户偏好运用模糊推理对服务候选集中的服务进行评分，指导用户对云服务的选择。本章云服务选择框架如图 11.1 所示。

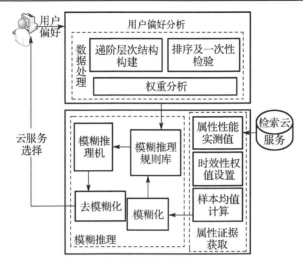

图 11.1　基于 WFPN 的云服务选择框架

11.2.1　用户需求偏好分析

云计算技术将其自身展现给用户的具体实现形式称为云计算服务(简称云服务)[8]。可以把云服务性能满足用户需求的程度理解为云服务的质量。为了最大程度满足用户对服务属性的 QoS 需求，需要充分分析用户的 QoS 偏好。本章运用层次分析法分析用户的需求偏好，根据图 11.2 所示的三层递阶层次体系构造判断矩阵得到同一层中各元素权重。

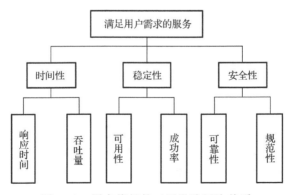

图 11.2　用户偏好的三层递阶层次体系

11.2.2　属性证据获取

本方法中属性证据的获取，即确定模糊推理的输入量采用的是文献[9]中的方法。云服务属性证据实测值具有时效性，即证据提取时间距服务选择时间越远的属性证据，其准确说明云服务的可信性越低，因此采用基于测试时间递减获取的实测值比重增加的方式对实测值赋予权重。

设置时间窗口，通过时间窗口的滑动将检测到的云服务属性证据值赋予差异性的权系数，即时效性权值。时效性权值 wt_i 的确定如下：

$$\left(\sum_{i=1}^{m}\mathrm{wt}_i\right)=1 \tag{11.1}$$

$$\frac{\mathrm{wt}_{i-1}}{\mathrm{wt}_i}=\frac{\mathrm{wt}}{\mathrm{wt}_{i+1}}, \quad 2\leqslant i\leqslant m-1 \tag{11.2}$$

根据各时间窗口内实测的某属性证据值 x_i 及其权系数计算样本均值，即

$$E_x=\sum_{i=1}^{N}w_ix_i \tag{11.3}$$

11.2.3　基于 WFPN 的云服务发现方法

由于模糊推理的不确定性，模型将模糊推理的输入通过隶属函数来刻画，本章应用经典的三角隶属函数来表示模糊集合，三角函数是指定义在实数集上显现为三角形形状的隶属函数曲线，本章将输入输出定义为如图 11.3 所示的隶属函数。

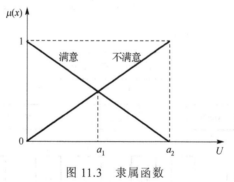

图 11.3　隶属函数

1. 基于 WFPN 的模糊推理算法

Chen 在 2002 年提出了基于规则的 WFPN 模型用于建模加权模糊推理过程。下面给出 FPN 的一般形式[10]。

定义 11.1　一个 WFPN 为一个八元组 $\mathrm{WFPN}=(P,T,D,I,O,M,\beta,W)$

$P=\{p_1,p_2,\cdots,p_n\}$，表示库所节点的有限集合；

$T=\{t_1,t_2,\cdots,t_m\}$，表示变迁节点的有限集合；

$D = \{d_1, d_2, \cdots, d_n\}$，表示命题的有限集合；

$P \cap T \cap D = \phi, |P| = |D|$；

$I : P \times T$，反映库所到变迁的映射；

$O : T \times P$，反映变迁到库所的映射；

$M : P \rightarrow [0,1]$，任意库所节点 $p_i \in P$ 都有其标记值 $M(p_i)$，说明库所节点所代表命题的真实水平；

$\beta : P \rightarrow D$，表示将命题映射为相应的库所节点；

$W = \{\omega_1, \omega_2, \cdots, \omega_r\}$，表示推理规则中各前提条件对推理结果的支持程度。

定义 11.2　如果 $p_j \in I(t_i), t \in T$，则存在一条库所节点 p_j 到变迁节点 t_i 的有向弧，表示 p_j 是变迁 t_i 的输入库所。如果 $p_k \in O(t_i)$，则存在一条从变迁节点 t_i 到库所节点 p_k 的有向弧，即 p_k 是变迁 t_i 的输出库所。如果 $\beta(p_i) = d_i$，则认为库所 p_i 与命题 d_i 相对应。如果 $W(p_i) = \omega_i$，ω_i 是定义在论域 $[0,1]$ 的一个模糊数，并且 $\beta(p_i) = d_i$，则认为与库所 p_i 相关联的输入强度 ω_i 为此库所相对于所在命题 d_i 的权重。

这里引入 Yeung 等的加权模糊推理算法[11]，此算法运用最大（max）、最小（min）运算符，使规则描述更符合实际应用。

通常，加权模糊推理有如下的形式：

R: if $V_1(\omega_1)$ is A_1 and $V_2(\omega_2)$ is $A_2 \cdots$ and $V_n(\omega_n)$ is A_n then U is B

输入事实：V_1 is A'_1，V_2 is A'_2，$\cdots$，V_n is A'_n

输出结论：U is B'

(1) 计算匹配度。将输入事实 A'_i 与规则的前提条件 A_i 相比较，计算出输入事实与规则前件的匹配度 $\mathrm{SM}_A(A'_i, A_i)$。

当 $\max[\min(A'_i, A_i)] = 1$ 时，有

$$\mathrm{SM}_A(A'_i, A_i) = \frac{1}{2} \cdot \left(1 + \frac{M(A_i) - M(A'_i)}{\max[M(A'_i), M(A_i)]} \right) \tag{11.4}$$

其他情况下，有

$$\mathrm{SM}_A(A'_i, A_i) = \frac{1}{2} \cdot \frac{\min(A'_i, A_i)}{\max(A'_i, A_i)} \tag{11.5}$$

(2) 计算全局匹配度。根据每个规则前提条件的对整体结果的影响程度 ω_i 求出全局前件匹配度 SM_W，即

$$\mathrm{SM}_W = \sum_{i=1}^{n} \left[\mathrm{SM}_{A_i}(A'_i, A_i) \cdot \frac{\omega_i}{\sum_{j=1}^{n} \omega_j} \right] \tag{11.6}$$

(3)计算规则的模糊输出。依据全局加权平均匹配度SM_W与规则有效后件 B 计算规则的模糊输出，即

$$
B' = \begin{cases} \min\left[1, \dfrac{B}{2 \cdot SM_W}\right], & 0 < SM_W < \dfrac{1}{2} \\[3mm] B \cdot 2 \cdot (1 - SM_W), & \dfrac{1}{2} \leqslant SM_W \leqslant 1 \end{cases} \tag{11.7}
$$

2. 基于 WFPN 的模糊推理过程

库所节点被标记的带权模糊 Petri 网称为标识带权模糊 Petri 网。传统 Petri 标识用"·"表示，网的部分表示系统运行过程，标识部分表达系统运行状态。只有当变迁节点的全部输入库所至少有一个被标记时，此变迁才可能触发，触发的结果是将它的所有输入库所各去掉一个标识，再将它的各输出库所进行标记。如此一步一步运行，一些转移节点不断被激活，一些库所节点中的标识不断随着变化。本章将标识·具体化为$M(p_i)$，使 Petri 网更加适合对模糊推理过程进行知识的表示和验证。

根据三层递阶层次结构与各层的模糊推理规则对 WFPN 的构造方法如下。

(1)设证据层的推理规则库 $R_d = \{r_{d1}, r_{d2}, \cdots, r_{d6}\}$，属性层的推理规则库 $R_a = \{r_{a1}, r_{a2}, r_{a3}\}$，目标层的推理规则库 $R_g = \{r_g\}$。

(2)将规则库 R_d 中所有规则的模糊命题表示成 WFPN 中的库所集 P_d，其中规则前件对应的模糊命题作为初始库所 $PM = \{p_{ij} \mid p_{ij}$ 初始库所$\}$，标识 $M(p_{ij}) = \mu(x)$，$\mu(x)$ 由隶属函数计算得出；设 $i = 1$，i 是循环变量，标记模型的层数。

(3)建立变迁集合，$T_i = \{t_{ij} \in T_i \mid \forall p_{ij} \in I(t_{ij}), \ p_{ij} \in PM\}$，且在 WFPN 中增加各变迁的输入弧 (p_{ij}, t_{ij})。

(4)比较输入事实与对应规则前件谓词"满意"与"不满意"的匹配度 SM，若 $SM_s \geqslant SM_u$，则变迁节点 t_{ij} 激活，否则退出对于此云服务的评价。

(5)若 $\forall t_{ij} \in T_i, \exists p_{ik} \in O(t_{ij})$，则在 WFPN 中增加变迁节点 t_{ij} 的输出弧 (t_{ij}, p_{ik})，将 p_{ij} 的标识 $M(p_{ij})$ 移除，在 p_{ik} 上加入标识 $M(p_{ik})$，$PM = (p_{ik} \in O(t) \mid \forall t \in T_i)$。

(6)如果 $i = 3$，则完成对该云服务质量的模糊推理工作，否则 $i = i + 1$，转步骤(3)。

在我们的模型的推理产生式中，应用了一种悲观的策略，即输入变量满足"是"，输出的信任度才会满足，我们假设用户期望所有呈递的需求都应该满足。下面给出针对本章云服务选择的模糊推理规则并构造 WFPN 模型如图 11.4 所示。

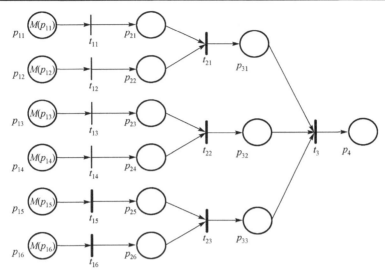

图 11.4　根据本章推理规则构建的 WFPN 模型

目标层的推理模型

目标层的输入是属性层输出的信任度。假设 A 为目标，B,C,D 分别为时间性、稳定性、安全性，$\omega_1,\omega_2,\omega_3$ 分别为时间性、稳定性、安全性的权重，相应的推理规则如下：

规则 1　if B_trust(ω_1) is satisfactory and C_trust(ω_2) is satisfactory and D_trust(ω_3) is satisfactory then A_trust is satisfactory

规则 2　if B_trust(ω_1) is not_satisfactory or C_trust(ω_2) is not_satisfactory or D_trust(ω_3) is not_satisfactory then A_trust is not_satisfactory

属性层的推理模型

属性层的输入是证据层输出的信任度。假设 A 为时间属性，B,C 分别为网络带宽和吞吐量，ω_1,ω_2 分别为网络带宽和吞吐量的权重，相应的推理规则如下：

规则 1　if B_trust(ω_1) is satisfactory and C_trust(ω_2) is satisfactory then A_trust is satisfactory

规则 2　if B_trust(ω_1) is not_satisfactory or C_trust(ω_2) is not_satisfactory then A_trust is not_satisfactory

证据层的推理模型

证据层的输入是经过实测值分析计算出的样本均值。这里假设 A 是误码率，则 E_A 是误码率的样本均值，推理规则如下：

规则 1　if E_A is satisfactory then A_trust is satisfactory

规则 2　if E_A is not_satisfactory then A_trust is not_satisfactory

由于输出变量是模糊量，而输出结果要求为精确量，本章使用重心法[12]对推理结果进行解模糊，得到精确的输出结果即云服务的信任评级。

11.3　实验及结果分析

基于上述研究，用 MATLAB 进行仿真实验，根据用户对属性偏好及云服务的 QoS 表现选择服务。仿真实验采用的数据集取自于文献[13]提供的真实 Web 服务 QoS 数据，实验中考虑了候选 Web 服务的响应时间、可用性、吞吐量、成功率、可靠性以及规范性六个 QoS 属性。为了验证基于加权模糊 Petri 网的云服务选择方法的有效性和可行性，本章分别进行了时间花费仿真对比和效用评价仿真对比。

首先假设用户对云服务属性的需求偏好为时间性>稳定性>安全性，由此构造判断矩阵为

$$A = (a_{ij})_{3 \times 3} = \begin{pmatrix} 1 & 2 & 3 \\ \dfrac{1}{2} & 1 & 2 \\ \dfrac{1}{3} & \dfrac{1}{2} & 1 \end{pmatrix} \tag{11.8}$$

其中，$x_i, i = \{1, 2, 3\}$ 分别表示时间性、稳定性、安全性。

利用和法求得权重 $\omega = (0.547, 0.302, 0.152)$，由此选择云服务时，服务时间性、稳定性、安全性的权重分别为 0.547、0.302、0.152。由于用户主要关注时间性属性，假设用户对稳定性和安全性维度内权重分配不予考虑，就用户 1 来说，这两个属性维度的属性证据具有相同的权重，即可用性、成功率、可靠性、规范性的权重都是 0.500，同时假设响应时间和吞吐量的权重分别为 0.333、0.677。

我们采用 10 组不同数量级的数据进行实验，每组数据集分别含有 100,200,…,1000 条 Web 服务，各组之间间隔的服务数量是 100，将 10 个不同数量级的数据集分别独立运行本章算法与文献[3]中 PSO-GODSSMR 算法各 10 次，取 10 次运行结果的平均花费时间进行比较，结果如图 11.5 所示。

由图 11.5 可知，通过本章提出的 WFPN 方法选取云服务的时间花费优于文献[3]的算法，原因在于，本章方法应用悲观策略根据用户偏好对服务的 QoS 属性进行分层推理，即一旦服务某一属性无法满足用户需求，推理终止，省去不必要的推理时间，从执行效率上说明 WFPN 方法的有效性。

进一步比较两种服务选择方法，并在上述 10 个数据集中选择出的最优服务效

用函数，结果如图 11.6 所示。本章基于文献[14]中 Web 服务的各属性质量计算公式定义服务的效用函数为

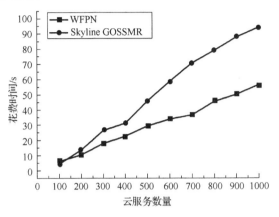

图 11.5　执行算法花费时间比较

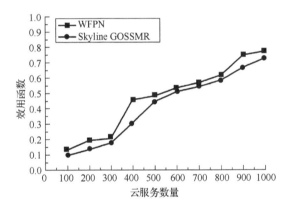

图 11.6　执行算法所得云服务的效用函数比较

$$uf(s_i) = \omega_1 \times (\omega_{11} \times q_{11} + \omega_{12} \times q_{12})$$
$$+ \omega_2 \times (\omega_{21} \times q_{21} + \omega_{22} \times q_{22})$$
$$+ \omega_3 \times (\omega_{31} \times q_{31} + \omega_{32} \times q_{32}) \tag{11.9}$$

其中，$\omega_1, \omega_2, \omega_3$ 分别为属性层三个属性的权重；$\omega_{11}, \omega_{12}, \omega_{21}, \omega_{22}, \omega_{31}, \omega_{32}$ 分别为证据层六个属性证据的权重；$q_{11}, q_{12}, q_{21}, q_{22}, q_{31}, q_{32}$ 分别为证据层六个属性证据经过最小-最大规范化方法处理后的质量评价。

从图 11.6 可以看出，随着候选服务的增加，两种方法选择出的最优服务的效用函数都有明显提高。同时，WFPN 在不同候选服务数量下的效用函数仍然要优于 Skyline GOSSMR 方法，原因在于，虽然两种方法都是基于服务属性质量与用

户对属性偏好的匹配度进行云服务的选取，但是 WFPN 方法利用层次分析法根据制定的多条模糊推理策略对服务属性进行细粒度的模糊推理，保证了推理结果的准确性，从寻优性上说明 WFPN 方法的可行性。

11.4　本章小结

本章针对云环境下的服务选择问题进行了研究，应用模糊 Petri 网将服务评估推理过程层次化进行，保证本章服务选择方法的细粒度并行性，同时引入用户对属性的偏好感知，深化云计算按需服务的优势，更好地契合了云服务的特点。仿真实验表明本方法的有效性和可行性，相关的改进以及纵向研究在后续工作中展开，最终希望将该方案以程序实现，推动云计算更加广泛应用。

参 考 文 献

[1] 魏乐, 赵秋云, 舒红平. 云制造环境下基于可信评价的云服务选择. 计算机应用, 2013, 33(1): 23-27.

[2] 王尚广, 孙其博, 张光卫, 等. 基于云模型的不确定性 QoS 感知的 Skyline 服务选择. 软件学报, 2012, 23(6): 1397-1412.

[3] 康国胜, 刘建勋, 唐明董, 等. 面向多请求的 Web 服务全局优化选择模型研究. 计算机研究与发展, 2013, 50(7): 1524-1533.

[4] 胡春华, 刘济波, 刘建勋. 云计算环境下基于信任演化及集合的服务选择. 通信学报, 2011, 32(7): 71-79.

[5] 郑开. 基于 QoS 的 Web 服务组合研究. 重庆: 西南大学, 2013.

[6] Wang S G, Sun Q B, Yang C F. Web service dynamic selection by the decomposition of global QoS constraints. Journal of Software, 2011, 22(7): 1426-1439.

[7] 姜浩, 罗军舟, 方宁生. 模糊 Petri 网在带权不精确知识表示和推理中的应用研究. 计算机研究与发展, 2000, 37(8): 918-923.

[8] 黎春兰, 邓仲华. 论云计算的服务质量. 图书与情报, 2012, (4): 1-5.

[9] 王守信, 张莉, 李鹤松. 一种基于云模型的主观信任评价方法. 软件学报, 2010, 21(6): 1341-1352.

[10] Chen X M. Weighted fuzzy reasoning using weighted fuzzy Petri nets. IEEE Transactions on Knowledge & Data Engineering, 2002, 14(2): 386-397.

[11] Yeung D S, Tsang E C C. Weighted fuzzy production rules. Fuzzy Sets & Systems, 1997, 88(3): 299-313.

[12] Klir G J, Yuan B. Fuzzy Sets and Fuzzy Logic, Theory and Applications. New Jersey: Prentice Hall, 2008.

[13] Al-Masri E, Mahmoud Q H. Investigating web services on the world wide web//Proceeding of the International Conference on World Wide Web, 2008: 795-804.

[14] Dai Y, Yang L, Zhang B, et al. QoS for composite web services and optimizing. Chinese Journal of Computers, 2006, 29(7): 1167-1178.

第 12 章　基于 PBAC 和 ABE 的云数据访问控制研究

针对云计算环境下云数据库中个人隐私数据的不合理访问以及关乎个人敏感信息泄露的问题，提出了一种基于 PBAC(purpose-based access control)和 ABE (attribute-based encryption)相结合的云数据访问控制模型。该模型在原有的 PBAC 模型的基础上，加入了属性目的集合的概念，对原有的目的树进行了扩展并实现全覆盖，解决了目的详细划分问题；模型还结合了属性加密的技术，根据数据的预期目的构造属性公钥，只有通过认证并且进行目的匹配成功才可以访问限定隐私数据信息。在实现目的树全覆盖以及目的匹配过程中，设计了目的树构建算法以及目的匹配算法，对算法安全性进行分析。实验结果表明 PBAC 和 ABE 相结合的访问控制方案在加解密运算上效率更高。

12.1　引　　言

云数据的合理访问和隐私保护问题是现如今研究人员关注的重点。随着人们长期在云环境下存储数据，个人隐私数据越来越受到用户的关注，关系到个人的敏感数据也在逐渐增多，用户敏感数据是否被泄露、是否允许被访问成为了焦点。以医疗信息应用领域为例，在医疗隐私数据传输共享过程中，存在着许多不合理数据访问与隐私泄露的问题。以下面三种典型应用场景为例：首先，医疗机构之间会存在交换患者信息，从而存在机构内部不同系统之间相互访问；其次，在区域医疗机构之间会存在病患的电子病例数据的共享，如一个病患产生的检查报告要在不同的医疗机构间共享，从而方便医生对病患病例的了解；最后，有第三方医疗服务机构想要访问查阅病患的隐私数据，如病患相关的医疗费用的结算，所用医疗器械的追踪等。这些对隐私信息访问需求的实际应用场景迫切需要有一个访问控制机构，实现对云中隐私数据的合理访问、利用以及泄露控制。

为确保数据拥有者的数据隐私，首先就要加强访问控制系统，除此之外，还要对隐私数据进行加解密操作。传统的访问控制模型，如自主访问控制、强制访问控制和基于角色的访问控制都没有考虑到访问者的访问目的。由此针对性的访问控制方案是现如今人们关注的焦点。

Byun 等[1,2]是最初提出基于目的的访问控制方案的，方案一经提出便引起了人们广泛的关注与思考。2007 年 Yang 等[3]也展开了关于 PBAC 模型的研究与讨论，并设计了基于目的的访问控制模型，模型定义了两种类型的目的：预期目的 (intended purpose，IP)和访问目的(access purpose，AP)。数据拥有者通过提供数据并递交自己的 IP，也就是拥有者希望自己提供的数据如何被访问；与此同时，数据使用者提出访问请求时需要提交自己的 AP，当 AP 和 IP 相符时，才可访问相应的数据信息。而 IP 又分为允许目的集合和禁止目的集合。接着 Kabir 等[4]提出有条件的访问控制模型，该模型与 PBAC 模型的最大差别就是在预期目的的允许目的和禁止目的之外添加了一个新的部分，有条件获取数据的目的。

之前的研究工作都对数据库管理系统进行了相应的改动，针对该问题，张怡婷等于 2015 年对医疗数据访问控制的研究中，提出了将目的与 IBE 相结合的访问控制方案，方案中以病患身份信息、条件访问位和预期目的作为 IBE 身份公钥进行加密[5]。该方案虽然实现了细粒度访问控制以及隐私保护作用，但是在访问目的的分配、加密技术和属性的更新方面并未实现更灵活的访问控制。

针对以上对访问控制的需求，本章提出了将 PBAC 模型与 ABE[6]技术相结合的访问控制方案，从而能够灵活地进行隐私数据的访问。本章的主要工作包含以下几点：对 PBAC 模型进行了扩展，对预期目的进行详细划分，形成多个版本的数据信息，从而保证目的树的全覆盖；综合 ABE 算法，以属性作为加密公钥进行访问控制的加解密操作，设计了目的树建立算法和目的匹配算法。最后通过对实验方案的正确性、安全性分析以及性能验证，保证了隐私数据访问的安全。

12.2　相　关　工　作

1984 年 Shamir[7]首次提出基于身份加密的技术，技术的关键点在于以用户的身份构建公钥。基于身份加密技术中，数据提供者和数据使用者不交换公钥即可实现信息交换。在基于身份加密系统中，需要一个用于生成私钥的第三方，称为私钥生成中心。通过计算可以生成用户的私钥，即

$$Keyp = Fun(<Params, s> ID) \tag{12.1}$$

其中，ID 表示用户的身份；Fun 表示一个产生随机数的函数；Params 表示系统公共参数；s 表示系统主密钥。第三方主要负责主密钥的管理，并计算相应的私钥。第三方在加密过程中起着关键的作用，一旦被攻击，则访问控制系统也将面临危险。

ABE 属于公钥加密体制，用户由属性来描述，而不是单个用户。同时，一个用户也可以解密多个密文，只要其对应的属性集合满足密文相应的访问结构，从而就形成了一种多对多模式，由此避免了加密所有数据带来的开销。而属性作为描述使用者的重要信息，以在校的学生教师为例，不同的人具有不同的属性集合，

学号、学生院系、学生类别、专业、班级等属性代表了学生，而教师同样具有教龄、院系、职称等属性。

2005 年 Waters[8]首次提出基于属性加密的概念，与原有的基于身份加密算法的最本质区分是用属性集合代替身份，众所周知，一个身份具有很多的属性。属性加密机制也是将属性作为公钥，使密文还有用户的私钥与属性相关联，从而使访问控制的策略更加灵活，同时也可以降低处理开销，如数据共享细粒度访问控制会伴随发送点的处理开销和网络带宽的处理开销。基本的 ABE 包括 4 种算法。

(1) Setup(d)：授权机构执行，生成系统公钥 PK，主密钥 MK，门限值 d。

(2) KeyGen：授权机构执行，生成用户的私钥 SK。

(3) Encrypt：发送方执行，用属性集 A_c 加密消息 M，生成密文 CT。

(4) Decrypt：接收方执行，利用自己的私钥解密得到 M。

上面的密钥生成算法采用了 Shamir 门限秘密共享机制[9]，使得不同用户无法结合各自的私钥实施合谋攻击。由此便达到了抗合谋攻击的保护。除此之外，在数据机密性以及安全性方面，ABE 算法也体现出很好的效果。鉴于种种优势，本章采取面向隐私数据的访问控制机制中的属性加密技术，将属性加密技术应用到访问控制过程中。

12.3　基于 PBAC 模型

12.3.1　PBAC 模型

PBAC 模型组要有以下几个模块，其核心内容简要描述如下。首先，从数据提供者的角度，其需要提供原始的数据信息，并对数据的预期目的进行绑定，DIP: Data → IP，给出的预期目的包含数据的允许目的和禁止目的，从而建立起数据和预期目的的关联，表示为 IP = ⟨AIP,PIP⟩。

接着，从数据访问者的角度而言，其需要提供自己的访问目的，并提交自己的属性，然后进行访问目的权限分配，属性和访问目的权限（access purpose privilege，APP）之间是 n 对 n 的映射关系。

最后，对于访问控制系统，主要关系到目的的匹配过程。目的匹配即 APP 与 DIP 相匹配，而访问目的权限与数据及其预期目的之间是一一对应的。

图 12.1 展示了基于目的的访问控制模型，模型中数据和预期目的进行关联，访问目的和数据还有操作进行相关联，还要进行目的的匹配过程以及属性权限指派的过程。

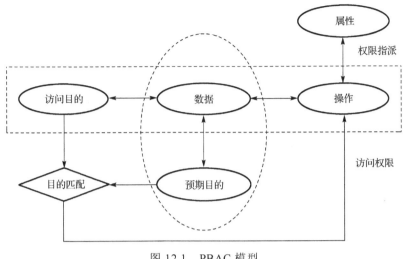

图 12.1　PBAC 模型

12.3.2　目的符号和定义

本节中目的的符号定义基于 Byun 等提出的基于目的的访问控制模型展开，下面简要介绍部分符号的说明[10]。

给定一个目的的集合记为 P，如图 12.2 所示，建立一个目的树，以医疗为例。

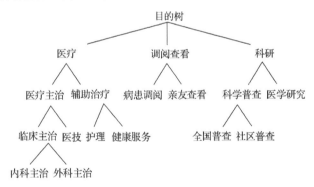

图 12.2　目的树

定义 12.1　目的树（purpose tree）。

目的树描述了访问数据的目的，然后将其以树形的结构存储起来，而目的树中每一个节点就表示目的集合中的一个目的，而每条边则表示 2 个目的之间的一种继承关系。因此用 PT 来表示目的树集合，则目的树集合有多个目的的树构成 $PT = \{Pt_1, Pt_2, Pt_3, \cdots, Pt_n\}$。举例说明，如图 12.2 所示，医疗和医疗主治是目的树的两个节点，两节点之间存在一条边，所以对应的医疗是医疗主治的父节点，医疗主治是医疗的一个分支，继承且细化医疗节点。除此之外，在一棵目的树中，同一父节点下的子节点没有交集。

假设一个目的集合为 P，记 $P{\downarrow}$ 表示为 P 集合中的节点本身以及节点所有的子节点的集合；记 $P{\uparrow}$ 表示为由 P 集合中节点本身以及目的树中此节点所有的祖先节点所组成的集合；记 $P{\updownarrow}$ 表示为由一个节点本身以及此节点所有的祖先节点和子节点所组成的集合，也可表示为 $P{\updownarrow} = P{\downarrow} + P{\uparrow}$。

现给出 AP 和 IP，IP 也可以表示为 AIP 和 PIP 的集合，即 IP =< AIP,PIP >。

下面根据上述符号给出允许访问目的集合和禁止访问目的集合的定义：

$$IPA = AIP{\downarrow} - PIP{\updownarrow}$$
$$IPN = PIP{\updownarrow}$$

访问目的集合 IPA 表示数据访问者能够获取的数据目的集合，当数据的提供者给出的允许目的与禁止目的存在冲突时，会优先考虑禁止目的。禁止目的集合 IPN 表示数据访问者不能够访问的数据目的集合。

结合以上定义，给出了访问目的匹配的概念。

定义 12.2 目的匹配。

给出一个目的树，其中预期目的集合 IP（包含允许目的 AIP 和禁止目的 PIP）和访问目的集合 AP 均已给出，如果 $AP \in IPA$ 或者 $AP \in IPN$，那么称 AP 与 IP 相匹配，即表示在该访问目的下数据访问者能够获取数据还是被禁止获取数据。下面给出一个例子，以图 12.2 中的目的树为例。

数据的提供者首先设定好数据的预期目的 IP 集合，IP=<{医疗主治，科学普查}，{临床主治}>，那么可以得出

AIP${\downarrow}$ ={医疗主治，临床主治，内科主治，外科主治，医技，科学普查，全国普查，社区普查}

IPN = PIP${\updownarrow}$= {临床主治，内科主治，外科主治，医疗主治，医疗}

IPA = AIP${\downarrow}$ −PIP${\downarrow}$= {医技，科学普查，全国普查，社区普查}

所以只有当访问目的 $AP \in IPA$ 时，访问者才可以访问数据。

12.3.3 属性目的集合 IPi

定义 12.3 属性目的集合。

假设 PT 是一棵目的树，目的树上的目的集合用 P 表示，那么用 IP$i(i=1,2,3,\cdots)$ 表示具有某单一属性的数据集合。

数据拥有者在数据发布前需要对原始数据进行处理，具体的处理方法为：将原始数据根据属性进行详细划分，这样数据访问者在访问数据时，会根据数据访

问者的访问目的进行属性判定，然后根据访问目的的属性对应访问数据，这样可以确保数据访问者只被允许访问自己要访问目的的数据，而其他属性的数据是无法访问的，从而确保了用户的隐私。表 12.1 的例子展现了访问目的在属于不同的目的集合时，数据访问者能够访问得到的数据。

表 12.1　不同 AP 访问得到的数据

访问目的	姓名	年龄	常用住址	电话号码	病例
$AP \in IPA$	李刚	28	南京市江宁区东南大学路 2 号	13812345678	呼吸系统：无咳嗽、咯痰，无呼吸困难
$AP \in IP1$	李刚	—	—	—	—
$AP \in IP2$	—	28	—	—	—
$AP \in IP3$	—	—	南京市江宁区东南大学路 2 号	—	—
$AP \in IP4$	—	—	—	13812345678	—
$AP \in IP5$	—	—	—	—	呼吸系统：无咳嗽、咯痰，无呼吸困难
$AP \in IPN$	—	—	—	—	—

假设数据提供者已经提供了某数据记录的预期目的，并且 IPA、IPi、IPN 都已知道。当数据访问者给出 AP 时，根据 AP 所属的集合，从表 12.1 可以看到：当 $AP \in IPA$ 时，数据访问者获取了完整的记录信息；当 $AP \in IP i$ 时，数据访问者只能有条件地获取具有某一属性的相应的数据；当 $AP \in IPN$ 时，数据访问者不能够获取该条记录的任何信息。

12.4　基于 ABE 的访问控制方案

结合本方案，将 PBAC 模型和 ABE 技术相结合，具体的方案如下。

(1) 数据拥有者将明文通过访问策略树生成密文，与此同时，数据拥有者自主设定 IP。

(2) 数据使用者从系统获取 GID，并与数据使用者的属性关联，提交 AP。

(3) 系统根据数据使用者的属性验证 IP 与 AP 是否匹配，若匹配成功，则将相应的私钥(SK)分发给数据使用者。

(4) 数据使用者使用 SK 解密数据，然后获取想要访问的信息。

12.4.1　系统准备阶段

进行访问控制模型的准备工作，主要包含基于属性的加密准备和目的数表的建立。

基于属性加密准备需要生成系统的公钥、主密钥和用户属性密钥，同时进行用户密钥分发。这里，密钥分发是一次性的，因此当访问控制策略发生变化时，不会影响密钥的变化。

(1) 选取一个 p 阶的双线性群 G_0、G_1，g 表示 G_0 的生成元，$e: G_0 \times G_0 \to G_1$ 是双线性映射。$\Delta_{i,s}(X) = \prod_{j \in s, j \neq i} \dfrac{x - j}{i - j}$ 表示拉格朗日参数，s 是一个在 Z_p 的集合，d 为门限值。

(2) 随机选取随机数 $y(t_1, t_2, \cdots, t_n \in Z_p)$，计算系统的公钥为 $\text{PK} = (T_1 = \text{gt}_1, \cdots, T_n = \text{gt}_n, Y = e(g,g)y)$，主密钥为 $\text{MK} = (y, t_1, t_2, \cdots, t_n)$。

算法 12.1　目的数表的建立。

建立所需要的目的树以及目的数表。

(1) 系统首先确定我们所需要的目的集合 P 以及目的树。

(2) 目的数表由 6 个字段构成，根据目的树建立目的数表。6 个字段如表 12.2 所示。

表 12.2　目的数表

标识	目的名	父节点标识	目的编码	允许目的编码	禁止目的编码
id	name	parent	code	aip_code	pip_code

目的树表构建算法如图 12.3 所示。

```
输入：n 个节点的目的树 PT
输出：数组 p:array[1,…,n]of struct{id,name,parent,code,aip_code,pip_code}
(1)basic information collection
(2)Assign 1 to variable id
(3)FOR each node in PT according to breadth-first order
(4)Assign id to p[id].id
(5)Assign the name of current node top[id].name
(6)Assign current node's parent ID top[id].parent, 0 if its parent dose not exist
(7)Increment id by 1
/*阶段 1 从根节点出发对目的树上的所有目的进行广度优先搜索并编号。*/
(1)code computation
(2)Assign 1 to variable code
(3)FOR id = n to 1
(4)Assign code to p[id].code
(5)Bitwise left shift code by 1
/*阶段 2 从编号最大的叶节点开始逆序进行目的编码，使目的树中的每一个目的都对应二进制位串上的一
  个比特位。*/
(1)aip_code computation
```

```
(2)FOR id = 1 to n
(3)Define nodeset as empty set
(4)Add p[id] to nodeset
(5)REPEAT
(6)Expand nodeset with children of eachnode in nodeset
(7)UNTIL nodeset keep unchanged
(8)Assign 0 to variable aip_code
(9)FOR each node in nodeset
(10)Add node.code to aip_code
(11)Assign aip_code to p[id].aip_code
```
/*阶段 3 针对目的树中的每个节点，通过递归算法，将其本身和其所有的后代节点均加入初值为空的节点
集合中，并进一步通过累加该集合中的节点编码获得该节点的允许编码。*/
```
(1)pip_code computation
(2)FOR id = 1 to n
(3)Define nodeset as empty set
(4)Add p[id] to nodeset
(5)REPEAT
(6)Expand nodeset with parent & childrenof each node in nodeset
(7)UNTIL nodeset keep unchanged
(8)Assign 0 to variable pip_code
(9)FOR each node in nodeset
(10)Add node.code to pip_code
(11)Assign pip_code to p[id].pip_code
```
/*阶段 4 针对目的树中的每个节点使用递归算法，将所有的节点都加入初值为空的节点集合中，然后通过
累加该集合中的节点编码，获得该节点的禁止目的编码。*/

图 12.3　目的树表构建算法

12.4.2　数据提供阶段

数据提供阶段的主要流程为：首先，采集数据信息，对用户提供的数据信息进行属性划分，形成对应的原始数据版本信息，以及对应属性的数据信息版本；接着，由数据提供者根据自己的意愿将数据的 IP 进行设置；最后，数据提供者提交自己的属性信息，进行验证。

数据提供阶段主要是针对数据提供者的数据进行 ABE，具体操作如下。

(1)数据提供者提供数据，随机生成一个对称密钥 k_f，采用对称加密算法加密数据，得到密文数据 $C_f = E_{kf}(F)$。

(2)将属性集合 A_c 作为加密的密钥，对对称密钥 k_f 进行加密，得到密文 C_k，即

$$C_k = (A_c, E = Y^s M = e(g,g)^{ys} M, \{E_i = g^{tis}\}, i \in A_c) \tag{12.2}$$

(3)计算上述内容的 Hash 值 MD，即 $MD = H(C_f \| C_k)$，采用私钥对 Hash 值进行签名，然后数据提供者采用非对称加密算法和公钥进行加密获得 C。

12.4.3　目的匹配阶段

目的匹配阶段的主要核心是访问目的与预期目的的匹配过程，简要介绍相关步骤，如图 12.4 所示。

阶段一：在用户成功登录系统后，用户向系统提交自己的属性。然后系统检查该访问者是否有权限进行数据的访问，若权限不符，则用户访问将被拒绝。在符合访问权限的基础上进行下一步。

阶段二：对访问目的进行判断，判断该 AP 是否符合数据提供者所设立的 IP，如果不符合，则用户访问仍然被拒绝。如果匹配则进行阶段三。

阶段三：系统进行目的的匹配，查看是否符合访问要求，对应结果便是允许访问以及被拒绝访问。允许访问的条件下同样还需要查看允许访问相关版本数据。

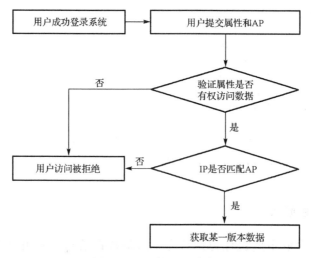

图 12.4　目的匹配流程

算法 12.2　目的匹配算法。

阶段一和阶段二分别根据允许访问目的集合、禁止访问目的集合的定义计算对应的目的编码。

阶段三则依据定义进行访问目的的匹配，然后返回想要访问的版本的数据。

目的匹配算法如图 12.5 所示。

输入：预期目的 IP=<AIP,PIP>，访问目的 ap
输出：想要访问的某一数据版本
Assign the code of AIP to variable AIP_code
Assign the code of PIP to variable PIP_code

```
Assign the code of ap to variable ap_code
Denote the code of IPA as IPA_code, the codeof IPi as IPi_code
Assign PIP_code to IPN_code // IPN= PIP
Compute IPA_code (IPA= AIP↓-PIP↑)
Assign AIP_code to IPA_code
FOR each bit of PIP_code
IF bit equals to 1
Set corresponding bit of IPA_code to 0
END
Compute IPi_code (IPi=P-IPA-IPN)
END
Match ap with IPA, IPi and IPN
IF ap_code & IPA_code not equal to 0
result = Permit
ELSEIF ap_code & IPN_code not equal to 0
result = DENY
ELSE
Result = "某一属性版本数据"
END
```

图 12.5　目的匹配算法

12.4.4　数据获取阶段

　　该阶段主要是访问者向第三方申请访问数据需要的私钥，然后系统会根据访问者的访问请求返回给访问者相应的私钥以及密文，访问者再进行解密操作，获取数据的明文信息。

12.5　方　案　验　证

　　本章提出一种基于 PBAC 和 ABE 技术相结合的云数据访问控制方案，综合应用目的树建立算法以及属性加密技术。核心部分为目的数表的构建和 ABE 技术研究。下面将对这两方面进行相关的正确性和安全性分析。

12.5.1　正确性以及安全性分析

　　本章提出了基于 PBAC 和 ABE 相结合的访问控制方案，方案的正确性依赖于目的数表的建立。以此进行分析：算法中首先使用广度优先遍历顺序确定目的树中每一个目的的标识，并对其进行了编号；之后使用一个二进制位标识目的树中的一个目的，目的的编码使用目的位串形式的十六进制编码；接着进行允许目的编码和禁止目的编码，允许目的编码使用递归算法，使每个节点及其所有的后代节点构成一个集合，然后将集合中所有目的编码进行相加。禁止目的编码则是通过递归运算，将所有节点本身、祖先节点和后代节点构成一个集合，然后将集合中所有目的编码相加得到禁止目的编码；由于一个目的树上的节点数目是有限的，所以递归运算可以执行并得到相应的结果。除了算法的可实施性，目的数表的定义也符合相应的步骤。由此正确性得到证明。

安全性方面，数据拥有者自主设定自己的预期目的，个人隐私信息的有目的访问保证了用户私密信息的安全性，如允许被访问的目的集合，即使数据使用者满足访问请求，也是不可以访问数据的；而允许被访问的目的集合，数据访问者也必须满足访问目的与预期目的匹配成功的条件下数据才可以被用户访问，在 ABE 算法的配合下，数据拥有者进行属性加密，将密钥密文以及数据密文给第三方，然后第三方进行存储，任何第三方需要用自己的属性私钥计算密钥方可获得明文，如果服务器被攻击，则窃取者也只能得到密文而无法解密数据，这就保证数据的机密性；数据访问者带有预期目的的访问数据时，在访问目的的匹配成功的情况下，只会返回对应预期目的的数据，而其他数据是无法被访问的，从而确保了数据的安全访问。

12.5.2　性能验证

为了验证基于 PBAC 模型和 ABE 相结合的访问控制方案的效率，通过两组实验比较了基于 PBAC 和 IBE 相结合的访问控制方案(实验中用 PBAC-IBE 方案表示)和基于 PBAC 模型和 ABE 相结合的访问控制方案(实验中用 PBAC-ABE 方案表示)在加解密算法上的效率，对比两方案的整个系统的性能就主要取决于 ABE 算法的效率，为此针对 ABE 加解密操作进行性能测试。实验环境如下。

硬件环境：Intel Core i7-3770；3.40GHz CPU；12GB 内存；Windows 7 x64 系统类型。

软件环境：JDK SE 1.8.0 11-b12 开发环境；MySQL 5.6 数据库；MySQL JDBC 驱动。

实验对比 PBAC-IBE 算法方案，通过测试了不同的数据量明文下方案加解密所用的时间耗时，将 IBE 方案与 ABE 方案进行对比。明文长度则设定了 10000KB、20000KB、30000KB、40000KB、50000KB、60000KB、70000KB、80000KB、90000KB、100000KB 这几种情况，针对每个长度的明文数据进行多次实验取平均值。实验分别对 IBE 加密方案的加解密以及 ABE 方案的加解密进行操作，然后分别对加密、解密时间耗时进行对比分析，如图 12.6 和图 12.7 所示。

测试主要针对在不同的数据量明文情况下加解密所需要的运算时间。如图 12.7 所示，数据拥有者加密时间和数据使用者解密时间的代价与访问结构大小呈线性关系。随着数据量的不断增加，时间耗时呈线性增长。同时可以由图对比看出，两个方案相对比 ABE 加解密耗时更为短一些。因此，ABE 算法实施更加有效。

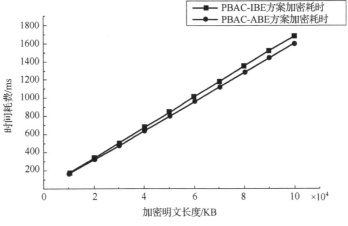

图 12.6　加密性能测试结果

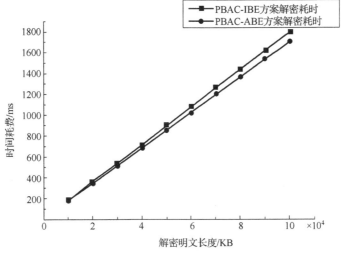

图 12.7　解密性能测试结果

12.6　本　章　小　结

　　本方案针对云数据中大量个人隐私数据需要针对性的保护的需求，在原有的 PBAC 模型基础上结合使用 ABE 技术的访问控制方案。本章结合了 ABE 技术，对用户的敏感隐私数据进行加密。与传统方案相比，本方案结合 ABE 技术，原有的 IBE 技术中以用户的 ID、条件访问位和预期目的作为身份加密技术公钥，而本方案基于属性加密技术，其是基于身份加密技术的改进和扩展，由属性集合代替身份，属性集合可以由一个或者多个属性组成，并且更方便地与访问结构相结合，从而实现访问控制。方案设计过程中并不依赖特定的 ABE 技术，而实验中采用了 ABE 方案实现基于属性的加密。

方案针对性的扩展了访问目的树，实现目的树的全覆盖，并达到细粒度的访问控制。保证了只有在访问目的符合预期目的的前提下，用户才能访问自己想要查询的信息。实验结果表明 ABE 方案耗时更短，能更好地实现访问控制的保护，同时在避免内部人员泄露信息方面具有很好的性能。

参 考 文 献

[1] Byun J W, Bertino E, Li N. Purpose based access control of complex data for privacy protection//Proceedings of the ACM Symposium on Access Control Models and Technologies, Stockholm, 2005: 102-110.

[2] Byun J W, Li N. Purpose based access control for privacy protection in relational database systems. The VLDB Journal, 2008, 17(4): 603-619.

[3] Yang N, Barringer H, Zhang N. A purpose-based access control model//Proceedings of the 3rd International Symposium on Information Assurance and Security, 2007: 143-148.

[4] Kabir M E, Wang H. Conditional purpose based access control model for privacy protection//Proceedings of the 20th Australasian Conference on Australasian Database, 2009: 135-142.

[5] Wang Y, Zhou Z, Li J. A purpose-involved role-based access control model. Foundations of Intelligent Systems, 2014: 1119-1131.

[6] Colombo P, Ferrari E. Enforcement of purpose based access control within relational database management systems. IEEE Transactions on Knowledge and Data Engineering, 2014, 26(11): 2703-2716.

[7] Shamir A. Identity-based crypto systems and signature schemes. Lecture Notes in Computer Science, 1984, 21(4): 47-53.

[8] Waters B. Ciphertext-policy attribute-based encryption: an expressive, efficient, and provably secure realization. Cryptology Eprint Archive, 2008: 321-334.

[9] Liu Y M, Wang Z H, Zhou H F, et al. An access control model based on purpose of privacy data. Computer Science and Technology, 2010, 4(3): 222-230.

[10] Feng D G, Zhang M, Li H. Big Data security and privacy protection. Chinese Journal of Computers, 2014, 37(1): 246-258.